KB273391

공간을 살리는 작은 집 테라피

2인 가구 인테리어

공간을 살리는 작은 집 테라피

2인 가구 인테리어

글＋사진 **조윤정 · 김명원**

지식인하우스

환영합니다

20세기 가장 유명한 부부 디자이너가 있습니다. 국내에서도 이미 유명한 임스 체어를 디자인한 찰스 임스 Charles Eames와 레이 임스 Ray Eames입니다. 저희 부부에겐 롤모델인 임스 부부. 그들은 "야구 글러브처럼 편안한 의자"를 만드는 것이 목표였다고 합니다. 저희에게는 가구와 그것을 담아내는 집이 그러합니다. 그리고 그것이 2인 가구 인테리어의 시작입니다.

우리는 작은 집에 살고 있습니다. 그것도 전셋집으로. 작은 평수에 살고 있다면 첫 번째 이유는 같을 것입니다. 재정상의 여건으로 작은 집을 구하게 되었을 것이라 생각합니다. 우리 부부 역시 거주하고자 하는 지역에서 경제성을 고려하다 보니 13평(첫 번째 집)이라는 작은 집에 전세로 들어오게 되었습니다. 하지만 우리에게는 두 번째 이유도 있었습니다. 내 발 사이즈보다 큰 신발을 신기보다는 내 발에 딱 맞는 신발을 신겠다는 마음으로 작은 집을 선택하게 되었습니다. 아직은 가족 구성원이 2인이기 때문에 10평형의 주거 공간도 적합하다고 생각했습니다. 우리 둘이서 채우지 못할 공간이 생기는 것보다 우리의 손길이 끝까지 닿을 수 있는 아담한 공간이 좋았던 것이죠. 이러한 생각으로 작은 집을 얻게 되었지만, 직접 신혼살림을 꾸리다 보니 30여 년을 살아온 두 사람의 짐을 채우기에는 13평이 작고 좁았습니다.

넓은 평수라면 남는 것이 공간이겠지만 작은 평수는 자투리 공간조차 아쉬워져서 공간 활용성을 고민하게 되었습니다. 작기 때문에 답답해 보이는 것을 지양하고 우리 둘만을 위한 공간이라는 생각을 우선시 하면서 홈-스타일링을 하다 보니 이것이 "작은 집 테라피"라는 생각이 들었습니다.

테라피 Therapy란 치료, 요법이라는 뜻으로 작은 집에 대한 테라피를 우리가 하고 있다는 것을 깨달았습니다. 또한 지친 몸으로 집으로 돌아온 우리가 집에서 테라피를 받게 되었죠. 우리가 작은 집을 테라피 해주니 작은 집은 우리를 테라피 해주는 선순환인 셈입니다.

사는 Buy 집이 아니라 사는 Live 집이고 싶고, 잘 Rich 사는 집이 아니라 잘 Well 사는 집이고 싶은 마음으로 작은 집 테라피를 정리하게 되었습니다.

2인 가구
인테리어

차 례

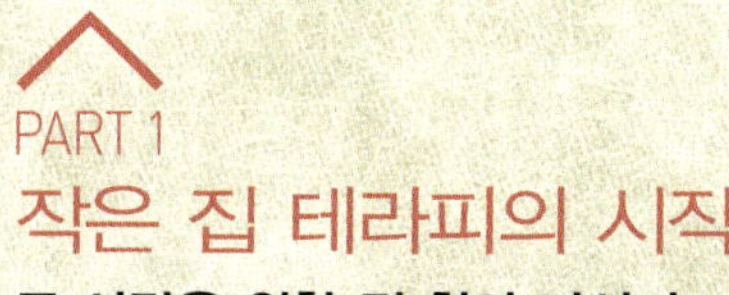

PART 1

작은 집 테라피의 시작

두 사람을 위한 집 찾아 나서기

PART 2

13평 & 11평을 위한 작은 집 테라피

두 사람을 편안하게 해주는 집 만들기

PART 3

작은 집 테라피하는 방법
가구와 소품 이야기

PART 4.

작은 집 테라피를 돕는 쇼핑
발품과 손품이 즐거워지는 핫 스폿

작은 집 테라피의 시작

두 사람을 위한 집 찾아 나서기

KEEP
CALM
AND
CELEBRATE
Myoung-won & Yoon-jung
MAY 5th, 2012

WELCOME
MY FIRST HOUSE

신혼부부에게 첫 번째 집이란, 첫 키스나 첫 사랑보다 더욱 황홀한 것이다. 처음으로 갖게 되는 둘 만의 공간. 어느 커플이나 잡지 속에서 툭 튀어 나온 듯한 집을 원하겠지만 현실은 그와는 정반대일 가능성이 크다. 주머니 사정에 맞춰 찾게 되는 첫 번째 집은 곰팡이투성이이거나, 벽지가 자신의 취향과 다르거나, 집의 세월의 흔적을 여실히 보여주는 낡은 싱크대와 화장실을 마주하게 될 경우가 많다. 그러나 좌절은 이르다. 전셋집 2년. 좋은 집을 구하고, 그 공간을 치유하고 꾸밀 수 있는 아이디어만 있다면 걱정 없다.

둘만을 위한 첫 번째 집,
가장 특별한 공간 찾기 노하우

정신 번쩍 차려 체크해야 하는 비교 TIP

우리는 친구들이나 가족들 사이에서도 꼼꼼한 커플로 유명하다. 좋게 말하자면 '꼼꼼'이고, 쉬이 말하면 '까탈스러운' 예비부부였다. 그래서 우리는 신혼집을 알아볼 때도 하나하나 놓치는 부분 없이 따져보고 골랐다. 물론 한정된 예산 내에서 구해야 한다는 제한이 있었기에 가장 완벽한 집은 구할 수 없었다. 그래서 우리만의 순위를 정하고 점수를 매겨 그 중 1등 집을 선정했다. 집을 구하는 것은 현실이다. 그리고 그 현실 속 과정은 복잡하고 아프다. 우리가 현실에서 만나게 되는 다섯 가지 유형의 집을 간단하게 소개한다.

House Check

	House 1	House 2	House 3	House 4	House 5
컨디션	★★★★★	★★	★★★	★★★★	★★★★
위치	★★★★	★★★★	★★★	★★★★★	★★★★
금액	★★	★★★★	★★★★★	★★★★	★★★★
컨디션 + 위치 + 금액	별 11	별 10	별 11	별 13	별 12

*컨디션은 방 크기를 비롯한 기본적인 공간의 상태에 따라 매겼으며 별이 높을수록 좋다.
*위치는 대중교통을 이용하기에 가까울수록 별이 높다.
*금액은 가장 저렴할수록 별이 높다.

예산과 맞지 않는 집
HOUSE 1

첫 번째 집은 분리형 원룸으로 거실과 방의 사이즈가 모두 커서 신혼 1년차 부부인 우리들이 생활하기에는 충분했다. 특히 신축 빌라여서 페인트나 바닥재 등 손댈게 전혀 없었기 때문에 컨디션에서는 가장 높은 점수를 주었다. 위치 역시도 대중교통을 주로 이용하는 우리에게 지하철, 버스 정류장이 도보 7분 정도 내에 있어서 나쁘지 않았으나, 신축 빌라답게 금액이 가장 높았다. 그렇다보니 금액 부분에 있어 우리 예산에는 맞지 않았다.

두 번째 집은 방이 2개인 구옥빌라였다. 오래된 빌라인 만큼 이 집을 신혼집으로 선택할 경우 도배 또는 페인트는 기본적으로 했어야 했고, 싱크대 부분도 손봐야 했다. 하지만 위치는 이면도로 쪽으로 대로변쪽에서 가까웠고, 지하철역과 버스정류장이 5분 내에 있는 대중교통 이용이 편리한 집이었다. 일단 후보 리스트에 넣기로 했다.

세 번째 집은 두 번째 집보다 컨디션은 좋았으나 일체형 원룸이어서 공간 레이아웃이 고민이 되었다. 원룸치고는 큰 평수여서 가구 배치나 스타일링을 잘 하면 신혼집으로 나쁘지는 않겠다 판단했으나, 음식을 할 때 공간이 분리되어 있지 않으면 음식 냄새가 옷에 배는 걸 알기 때문에 일체형 원룸이라는 점에서 점수를 깎았다. 위치 역시 번화가에 있어서 점수를 많이 주지는 못했지만, 가격 면에서는 제일 저렴했기 때문에 집을 얻은 후 남는 금액을 우리 사업비로 쓸까 싶어 고민을 많이 했던 곳이다.

네 번째 집이 바로 우리의 첫 번째 신혼집이다. 방이 2개라 할 수 있는 구조로 이루어져 있었다. 정확히 말해 닫혀 있는 방이 2개는 아니라서 완벽하게 투룸이라 할 수는 없다. 주방, 거실, 안방이 모두 잘 나뉘어져 있었고, 전 세입자가 살던 모습에서는 공간 활용이 아쉬웠으나, 이 집을 보는 순간 이 집을 신혼집으로 꾸며보고 싶다는 생각을 둘이 동시에 하게 되었다. 하지만 벽지는 4년 이상 사용해서 새로 도배나 페인트를 했어야 했으며, 창과 싱크대도 매우 낡아 있었다. 다행히 주인이 창과 싱크대는 새로 교체해주기로 해서 점수가 많이 올라갔다. 위치 또한 지하철은 물론 버스 정류장에서 도보 5분이였으며, 이 근처에 장 볼 마트도 있어 매우 좋은 편이였다. 금액은 두 번째 구옥 빌라와 같은 금액으로 원룸을 제외하고는 저렴했기 때문에 평수대비 괜찮았다.

다섯 번째 집은 네 번째 집에서 마음을 굳히고 보게 된 집이였는데, 집의 컨디션은 선택한 집과 비슷하고 위치는 조금 안 좋았지만 쓰리룸이라는 장점이 눈에 들어왔다. 맨 꼭대기 층이여서 겨울에 춥고 여름에 더울 것도 같았지만, 마지막까지 참 많이 고민했던 곳이다. 하지만 우리와 계약기간이 맞지 않아 아쉽지만 리스트에서 빼야 했던 집이다.

무조건 꼼꼼하게 체크해야 하는
하우스 컨디션 TIP 7

절대 양보해서는 안 되는 것이 있다.
한번 선택을 하면 최소 2년은 살아야하기 때문에
눈에 불을 켜고 잘 체크해야 하는 팁을 모았다.

106P 107P

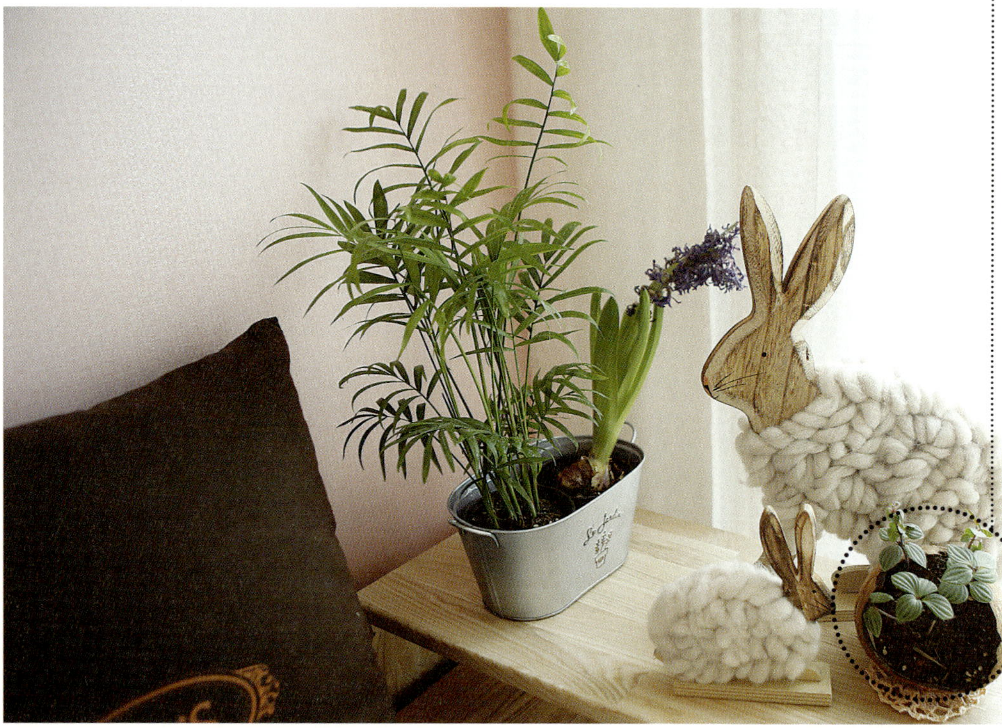

1 가격 가장 중요한 컨디션일 것이다. 예산은 누구에게나 한정적이기 때문에 그 예산을 넘어선다면 아무리 좋은 집이더라도 소용이 없다.

2 채광 우리나라의 기후 조건에는 남향이 가장 좋은 조건이다. 남향의 집이 없다면 서향이 2순위다. 서향은 늦은 오후까지 햇빛이 집안 깊숙이 들어오기 때문에 추천한다. 하지만 반지하라 하면 빛이 잘 들지 않기 때문에 남향과 서향의 의미 조차도 적어지니 반지하는 피하는 것이 좋다.

3 층수 반지하는 습기가 많기 때문에 옥탑방 혹은 꼭대기 층은 천장의 열 때문에 여름에는 덥고 겨울에는 추운 경우가 많아 지양한다. 불가피하게 반지하를 얻게 된다면 곰팡이가 핀 벽이 없는지 꼼꼼하게 따져봐야 할 것이다.

4 여름철 전기료 + 겨울철 가스료 전세입자 혹은 집주인에게 살며시 이 부분을 물어보는 것이 좋다. 특히 여름과 겨울철 기온에 크게 영향을 받는 꼭대기 층의 경우 상당히 중요한 부분이다. 집 가격은 저렴하지만 전기료와 가스료의 연간 비용을 따져봤을 때 어마어마한 금액이 나가게 되면 좀 더 집값이 비싸더라도 단열이 잘 된 조건의 집을 구하는 것이 좋을 것이다.

5 수압 화장실의 세면대와 주방의 싱크대에서 물을 틀어 수압을 체크하는 것 역시 상당히 중요한 옵션이다. 특히 세면대와 싱크대를 동시에 틀었을 때의 수압을 체크해야 한다. 샤워를 할 때 설거지를 하는 경우도 있고 빨래를 돌리면서 물을 써야 하는 상황이 올 수 있기 때문에 반드시 동시에 수압을 체크해 봐야 한다.

6 근무지와의 거리 매일 출퇴근하는 근무지와 거리가 적정한지 혹은 교통편이 편한지 알아봐야 한다. 집의 조건이 만족스럽다고 덜컥 계약을 했는데 출퇴근이 어렵거나 교통비가 많이 든다면 낭패일 것이다. 전기료와 가스료처럼 연간 교통비를 따져봐야 한다. 교통비가 적게 드는 곳에 집값이 조금 더 비싸다면 그걸 더했을 때의 가치를 고민해 볼 필요는 있다.

7 시댁과의 거리 '시댁을 난로와 같이 대해야 한다' 는 선배의 조언이 생각난다. 너무 가까이 가면 타 죽고, 너무 멀리 있으면 얼어 죽는 그런 존재라는 의미이다. 그러나 이 체크리스트는 가족 개그로 한번 웃자고 넣어 보았다. 참고로 우리 집은 시댁과 도보로 20분이기 때문에 이 부분을 전혀 고려하지 않았다. 개그는 개그일 뿐이니 오해하지 말자!

셀프 인테리어의 시작,
무엇부터 시작해야 할까?

두 팔을 걷어붙이고 뚝딱뚝딱
본격적으로 시작해 볼까!

우리가 첫 번째 신혼집을 선택한 이유 중 하나가 바닥재였다. 노란 장판이 아닌 무늬목으로 시공되어 있어 인테리어에 대한 기본 베이스가 하나는 갖춰져 있다고 생각했다. 아무리 홈스타일링을 예쁘게 하더라도 공간의 기본 베이스가 엉망이라면 NG. 그래서 작은 집 셀프 인테리어를 시작할 때 먼저 할 수 있는 시공 이야기를 함께 나눌까 한다. 만약 바닥과 벽 그리고 조명이 걱정스럽다면 참고해 보자.

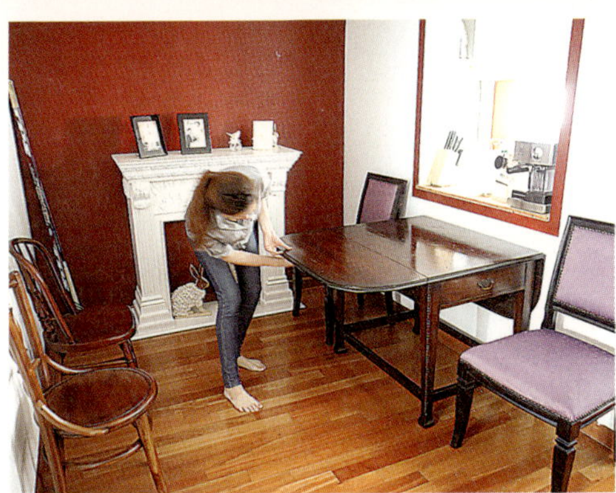

집의 맨얼굴을 결정하는 **바닥재_데코타일**

이사 갈 집을 방문했을 때 공간의 요소 중 가장 크게 신경 써야 할 부분은 바닥이다. 스스로 시공을 할 경우 바닥 교체는 가장 힘이 많이 들고 금전적인 부담이 있기 때문에 바닥이 잘 되어 있으면 좋은 조건을 갖춘 셈이다. 우리 첫 신혼집 또한 무늬목 바닥 덕분에 초반 비용이 절감되었다.

일반 가정집에서 자주 보는 나무 느낌의 바닥재들만 비교해 보자면, 단단한 질감으로 원목의 느낌을 재현하고 있는 무늬목에서부터 강화마루, 데코타일, 장판으로 나눌 수 있다. 브랜드마다 차이는 있겠지만 비싼 가격 순으로 봐도 무방하다. 우리는 그 중에서 데코타일을 추천하고 싶다. 셀프 시공을 할 경우 특별한 도구 없이 설치가 용이하며, 가격대비 효과가 높다. 무늬목 바닥이 깔려 있다면 굳이 교체할 필요가 없으나, 장판일 경우에는 조금만 투자를 해서 데코타일을 설치해 보자.

데코타일을 선택할 때 체크해야 할 부분은 가구 컬러와 톤, 그리고 집의 분위기. 가구와 바닥이 딱 붙어 보이는 불상사를 피하기 위해서는 가구와 다른 톤을 선택하도록 한다. 무엇보다 집을 더 밝은 공간으로 연출하고 싶다면, 가구보다 밝은 톤을 선택하는 것을 추천한다. 반대로 가구보다 어두운 톤을 선택한다면 차분한 공간이 연출될 것이다.

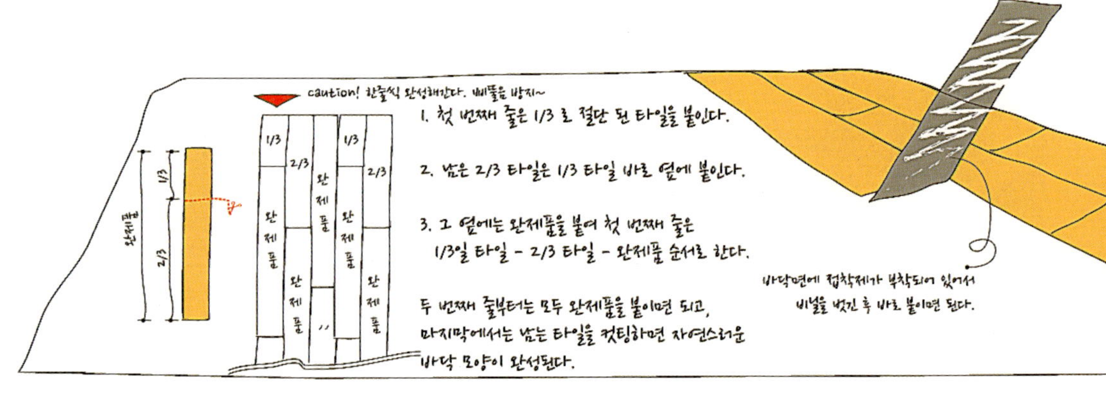

1 데코타일을 깔아야 하는 공간의 면적을 측정한다.

2 온라인이나 오프라인 매장을 둘러보며 데코타일을 알아보고 집과 잘 어울리는 타입을 선택한다.

3 선택한 데코타일을 해당 면적만큼 구매한다.

4 바닥의 장판을 제거한다. 상황에 따라 기존 장판 위에 시공하는 경우도 있다.

5 데코타일을 교차시켜 붙이기 위해서 한 변에 해당하는 데코타일을 수직에 맞춰 반으로 재단한다. 수직에 맞춰 재단하는 일이 이번 시공에서 가장 관건이다. 수직을 맞추지 못할 경우 데코타일들이 줄줄이 비틀어진다.

6 데코타일 뒷면에 붙어있는 테이프를 제거하고 바닥에 한 칸씩 붙이기 시작한다. 데코타일은 시공 방법에 따라 두 가지로 나뉜다. 바닥에 본드 칠을 한 후 데코타일을 붙여가는 타입과 데코타일 뒤에 테이프가 붙어 나오는 타입이 있다. 시공의 용이함과 시간의 단축을 고려하여 테이프 타입을 추천한다.

7 마지막에 부족한 공간에다 데코타일을 재단하여 채워 넣으면 셀프 시공 완성!

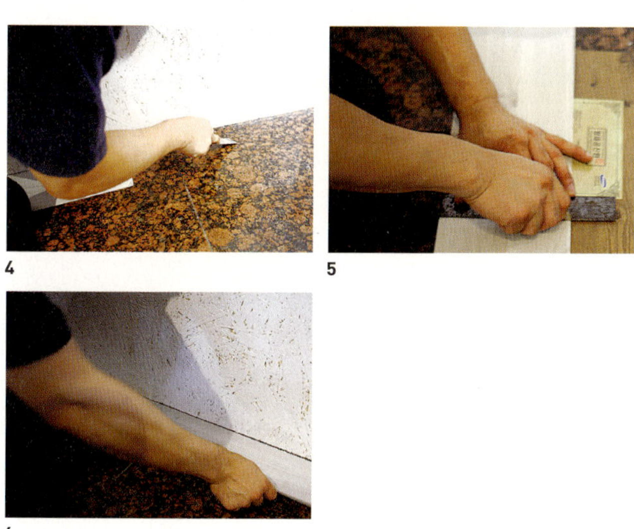

4

5

6

집의 맵시를 부각시키는 **벽과 천장_페인팅**

바닥이 해결됐다면 이제 신경 써야 할 곳은 벽과 천장이다. 이사 갈 집의 벽지 상태를 꼼꼼하게 체크해야 한다. 전반적으로 깨끗한 상태가 아니면 새롭게 도배가 필요하다. 우리 역시 도배가 절실하게 필요했다. 집주인과 상의를 했지만, 우리는 대를 위해 소를 포기해야 했다. 샷시와 싱크대를 교체해 주는 조건으로 도배는 우리가 해결하기로 한 것이다. 그리고 우리는 도배 대신 페인팅을 하기로 결정했다. 지금 도배 때문에 고민하고 있다면 페인팅에 도전해 보는 건 어떨까?

셀프 페인트를 하기로 결심했다면 가장 먼저 할 일은 페인트 양을 측정하기 위해 페인팅 할 면적을 계산해야 한다. 집의 평면도면이 있다면 도면을 참고하고 바닥에서부터 천장 높이만 측정하도록 한다. 도면을 갖고 있지 않다면 페인팅 할 부분에 대한 면적을 직접 측정해야 한다.

그럼, 무슨 색으로 칠해야 할까? 가장 큰 고민거리다. 고민을 덜어주는 이야기를 하자면 작은 집 공간을 밝게 빛내 줄 화이트 계열을 선택하라고 말하고 싶다. 화이트 페인팅은 작은 공간을 확장된 공간으로 바꾸어 주는 효과가 있다. 그러나 화이트 페인팅은 우리가 단순히 생각하는 흰색이 아니다. 화이트 계열은 세부적으로 아주 다양하다. 블루 혹은 쿨그레이와 같은 한색 계열이 가미된 화이트 톤 페인트는 세련된 도시적인 느낌의 인테리어와 잘 어울린다. 또한 포근한 느낌을 주는 인테리어를 하고 싶다면 아이보리와 같은 난색 계열의 컬러가 가미된 화이트 톤을 선택하면 된다. 이렇게 주조색을 골랐으면 보조색과 강조색을 선택할 수 있다. 말 그대로 주조색은 주로 쓰이는 가장 넓은 면적에 칠할 색이고, 보조색은 주조색과 함께 배색하였을 때 어울릴 수 있는 색상이 되지만, 상황에 따라 보조색은 생략해도 좋다. 하지만 강조색은 반드시 하나 이상은 선택하는 것이 좋다. 작은 집이기 때문에 강조되는 색상이 들어가면 무언가 복잡해 보이지 않을까 걱정을 하는 것이 보통이지만 그것은 아직 셀프 페인팅의 매력에 빠지지 않아서이다. 작은 집일수록 포인트 컬러로 벽의 한 면을 임팩트 있게 살려주면 그 집의 인상이 달라진다.

- **필요한 도구** 수성 페인트, 롤러 & 붓(색상별), 마스킹 테이프, 트레이, 간편한 복장, 장갑
- **선택 도구** 실링 에디져

HOW TO

1 셀프 페인팅 할 면적을 선택하여, 사이즈를 측정한다. 페인트 면적에 따라 페인트 컬러들을 선택하여 구매한다.

2 페인트 따개 또는 일자 드라이버로 페인트 뚜껑을 개봉하여 페인트를 아래위로 잘 저어준다.

3 트레이에 페인트 적정량(트레이 바닥면의 반 정도)을 따라 준비한다.

4 롤러로 트레이 바닥면의 페인트를 정돈한 후 실링 에디져에 묻힌다.

5 페인트 칠 할 부분의 모서리 부분을 실링 에디져로 두르듯이 바른다. 실링 에디져를 사용하지 않을 경우 페인트가 주변에 묻지 않게 작업하려면 마스킹 테이프로 마스킹 작업을 한다.

6 네모로 테두리 된 페인팅 안에 롤러를 사용하여 펴 바른다.

7 롤러로 크게 W 또는 M 글씨를 쓰고 그걸 펴 바른다는 생각으로 롤러를 밀면 간단하다.

8 수성 페인트로 작업 시 혹시 바닥면에 떨어진 페인트가 있다면 잽싸게 물걸레로 닦아 지워가며 작업한다.

9 1차적으로 페인팅이 끝나면 4~5시간 후에 2차 작업을 진행한다. 이때 육안으로 보거나 손으로 만졌을 때 건조되었다는 생각으로 2차 작업을 빨리 진행해서는 안 된다.

10 실내 페인트는 기본 2차 작업을 해야 원하는 컬러와 질감이 표현된다.

집의 분위기를 좌우하는 조명_레일 조명 & 펜던트 조명

조명은 굳이 교체를 하지 않아도 되는 소품이라 생각할 수도 있으나, 작은 소품들이 집의 전체적인 분위기를 망칠 수 있다. 그러므로 바닥재와 페인팅을 완료했다면 조명 역시 교체할 것을 추천한다.

우선 인터넷을 통해 원하는 조명을 최저가로 살 수 있는 곳을 검색한다. 검색하는 시기에 따라서 업체별로 가격이 상이할 수 있으니, 손품을 팔아서라도 최저가 검색을 꼭 해 본다. 레일 조명에 필요한 것은 레일과 안전기, 조명을 구입해야 한다. 인터넷 구입시 필요한 것에 대한 구성품을 잘 설명되어 있으니 꼼꼼히 읽어보는 것도 좋다.

조명으로 집안의 분위기를 확 바꾸고 싶다면 LED 전구를 구입하는 것이 좋다. LED가 일반 전구보다 더 비싸긴 하지만 LED 전구 1개의 전기 효율이 일반 전구 8개의 효율과 같다고 하니 전기세를 줄일 수 있는 방법이기도 하다.

설치 방법 안전을 위해 두꺼비 집은 내리고 작업하도록 한다. 전선을 뽑아둔 채 레일을 수직, 수평을 맞춰 임의적으로 고정시킨 후 나사를 조여 천장에 부착시킨다. 전선과 조명을 연결하여 각각 조명들을 하나씩 켜가며 확인한 후 마무리한다.

예쁜 펜던트 조명을 달고 싶었지만,
펜던트 조명은 아래로 늘어뜨리는
맛을 살려야 하기 때문에 층고가
낮은 우리 집에는 적합하지 않았다.

그 대신 레일 나팔등을 달아 주방에
아늑한 조명을 연출해 주었다! :)

PART 2

13평&11평을 위한 작은 집 테라피

두 사람을 편안하게 해주는 집 만들기

SELF INTERIOR

셀프 인테리어, 참 어려운 말이다. 어찌 보면 불가능한 말일지도 모른다. 그럼에도 우리는 언젠가부터 셀프 인테리어에 열중한다. 왜 일까? 그건 아마도 집이라는 의미 속에서 좀 더 쾌적하고 아늑하게 쉼을 누리고 싶은 까닭일 것이다. 그래서 작은 집에 사는 우리는, 우리의 작은 공간들을 치유해야 했다. 13평의 첫 번째 집, 그리고 11평의 두 번째 집. 2년의 한 번은 '이사'라는 과제를 안고 살아야 하는 우리에게, 부담 없는 그런 작은 집 인테리어가 필요했다. 우리는 그것을 '집을 위한 테라피'라 한다. 공사가 필요하냐고? 천만의 말씀! 공사 없이, 작은 공간을 넓게 쓸 수 있는 현실 속 우리 이야기를 이제부터 시작해 볼까 한다.

1st Self Interior

나무결과 색으로
앤티크한 공간이 된 13평

벽난로의 따스함, 원목 가구를 이용한
클래식한 분위기의 주방

나무의 질감과 패브릭의 편안함을 좋아하는 라스제이 커플의 첫 번째 집. 톡톡 튀는 라스제이의 감각과 묵묵하게 손재주를 뽐내는 남편 라스케이의 손길이 그대로 담겼다. 실평수 13평(43.50㎡)으로 2층에 자리한 남향 빌라. 반지하가 1층으로 되어 있는 건물 구조로 실질적으로는 1.5층. 낮은 층수인 관계로 채광은 중하로 평가할 수 있겠다.

행복한 만남
13평, 테라피를 만나 멀티 공간이 되다

13평의 작은 집은 우리들의 첫 신혼집으로 알맞다고 생각하는 공간이었다. 부모님과 함께 살던 공간과 비교해 보자면 작았지만, 그만큼 우리는 2인으로 가족 구성원이 줄었기 때문에 우리에게 맞춤형으로 꾸려 나갈 수 있다고 생각했다. 그래서 이 공간은 우리 둘이 주인공인 2인용 주거 공간으로 꾸려야 하겠다는 목표를 세웠다. 신혼집은 당연히 신혼부부, 2인을 위한 공간이 아닌가라고 생각할지도 모르겠다. 20평형대 후반 ~ 30평형대의 넓은 평수에 살고 있는 친구네 신혼집과 비교해서 이야기를 한다면 조금의 차이를 느낄 수 있다. 그들의 집에는 4인 이상을 위한 가구들이 배치되어 있고, 멀리서 손님이 오더라도 자고 갈 수 있는 방이 있기 마련이다. 하지만 13평인 우리 집에는 이렇게 손님을 배려할 수 있는 여유가 없기 때문에 지극히 우리 둘만을 위한 신혼집을 만들었다. 물론 가끔은 방문하게 될 손님을 위한 비상 대책도 필요했다. 우리 둘만 사는 외딴 섬을 만들겠다는 생각은 아니니 말이다.

테라피Therapy라는 단어가 요법, 치료라는 말로 직역이 된다면, 우리는 작은 집을 우리 둘에게 알맞은 공간으로 만들기 위해서 작은 집을 스타일링하는 테라피를 생각하게 되었다. 그리고 그 작은 집에서 매일매일 테라피를 받으며 집의 진정한 의미를 찾고자 한다.

우리 집은 인테리어 혹은 홈 스타일링, 홈 드레싱이라고 부르는 외형적인 측면 중심보다 홈 테라피라는 단어가 어울린다고 생각한다. 13평이라는 작은 공간에 대한 작은 집 테라피라고 말하고 싶다.

우리 집은 '현관, 거실, 침실, 주방, 화장실, 베란다'로 구성되어 있다. 그리고 주방은 음식을 차리는 조리 공간의 개념인 키친Kitchen과 음식을 먹는 공간인 다이닝 룸Dining room, 그리고 세탁기가 배치되어 있는 간이 다용도실Utility room로 나눠져 있다. 구조상 아파트의 베란다를 확장한 경우와 흡사하다고 볼 수 있지만, 13평 구옥빌라에서는 흔하게 볼 수 없는 공간 구성이다. 이점이 우리가 이 집을 선택하게 된 이유 중 하나이기도 했다. 공간 활용성에서 각자 역할을 충실히 한다면 '오, 작은 집에서도 이 모든 것들이 실현 가능하구나!' 라는 말이 듣고 싶었던 거다. 우리 집의 테라피의 이미지적인 콘셉트는 '믹스 앤 매치 스타일' 이라고 말하면 가장 이해가 쉬울 것이다. 요즘 신혼집 스타일의 대세 '북유럽 스타일' 또는 '모던' '클래식' 등 다양한 이미지 수식어가 있겠지만 우리 집은 국한되어 있는 어떠한 스타일보다는 다양한 스타일이 공존하되 그들의 균형 감각은 지키려고 노력했다. 쉽게 말해 우리만의 스타일로 이루어진 집이다.

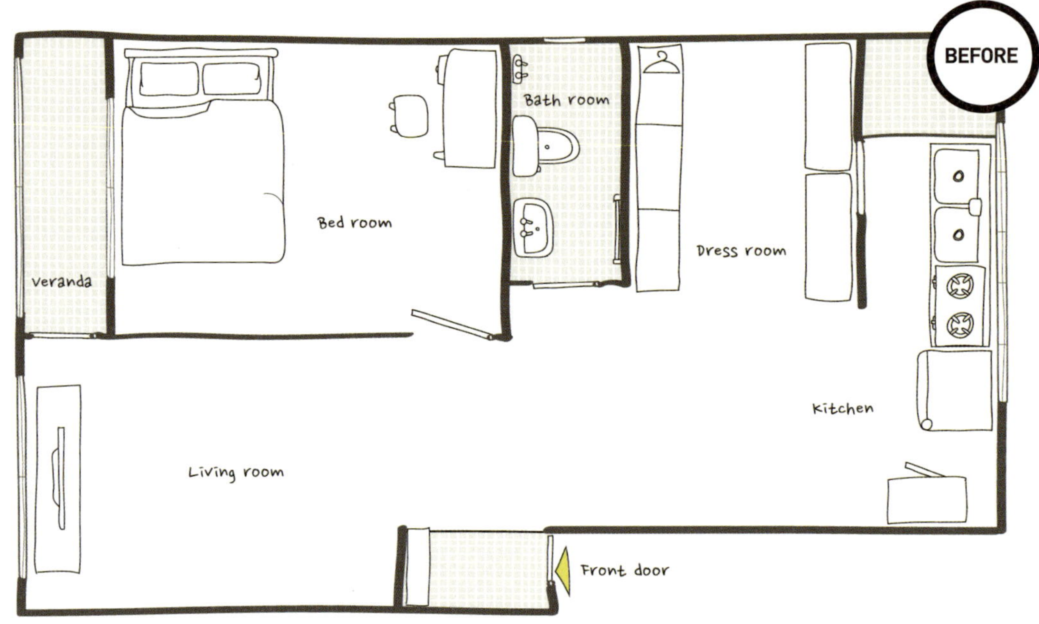

공간의 특징을 이해하지 못한 가구 배치

1   현관에 들어서면 바로 마주하게 되는 신발장. 바닥에서 천장까지 이어지는 높이의 신발장은 답답함을 줌.
2   주방 옆에 오픈 되어 있는 방을 책장과 행거 등 높은 가구로 배치해 옷과 가방을 정신 없이 수납, 일상생활에 그대로 노출 됨.
3   작은 집이라는 제한 때문인지 소파 및 식탁 등 일상생활에 편리함을 주는 가구들이 많이 배제되어 있다는 느낌.
4   식물이 없는 건조한 집안의 모습.

테라피 전 ≫ 기본적인 가구가 부족함에도 불구하고 시선이 닿는 곳에 위치하는 가구들이 너무 높아서 답답함을 주고 있었다. 전형적으로 작은 집에서 볼 수 있는 현상이다.

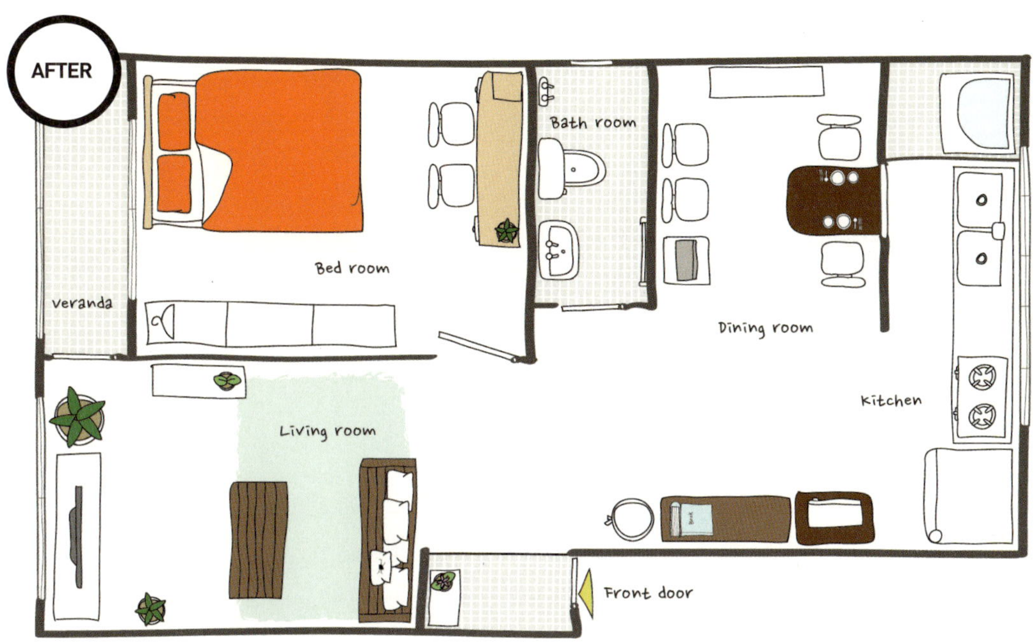

공간의 특징을 이해하고 활용한 가구 배치

1 현관에는 높은 신발장 대신 원목 신발장을 두고, 그 위에 신혼집 데코레이션이라는 느낌이 물씬 풍기는 커플 웨딩 슈즈와 함께 신혼 사진을 둠.

2 오픈된 방이라는 특징을 살려 주방 옆을 특색 있는 다이닝 룸으로 만듦. 들어가 있는 벽면을 강렬한 버건디 레드로 페인팅 하고 화이트 벽난로를 배치.

3 좁은 공간에 알맞은 가구들을 추가적으로 배치. 식탁은 확장이 가능한 가구를 선택하여 평소에는 2인 식탁으로, 손님이 오면 6인까지 가능한 식탁으로 변신이 가능. 벤치형 소파를 거실에 배치해 현관과 거실을 분할, 공간과 역할을 분리.

4 집안에 식물을 두어 집안에 생기를 불어 넣음.

테라피 후 ≫ 적절한 가구 배치는 작은 집, 좁은 공간을 좀 더 알찬 공간으로 만들어 공간을 넓게 쓰는 효과를 준다. 또한 우리 집만의 클라이막스 공간을 만들기로 했다. 즉 그 공간만큼은 다른 집에서 볼 수 없는 포인트를 주어 강한 인상을 남기는 집으로 스타일링하는 것이 중요하다는 생각이었다. 첫 번째 집의 포인트는 주방과 다이닝 룸 공간으로, 우리 집을 다녀간 사람들에게 강한 인상을 주었다.

버건디로 강조한
티저 공간 현관 테라피

Therapy Point 전체적인 집 분위기 중 가장 담고 싶은 분위기를 현관에 연출한다. 현관은 집의 첫인상인 셈이다. 우리 집의 경우 웨딩 사진과 웨딩 슈즈로 포인트를 주었다.

Color Point 현관문을 버건디로 페인팅 하여 포인트를 주고 앤티크한 가구를 두어 클래식함을 강조했다.

OH! NO! 현관을 가지런하고 단정하게 정리하는 것은 기본이다. 너무 많은 아이템들을 늘어 놓는 것은 피해야 한다.

어느 집이건 현관은 그 집의 얼굴과도 같다. 현관의 느낌에 따라서 집안의 분위기를 어느 정도 파악할 수 있다. 현관은 티저 Teaser 공간이다. 잘 만든 티저 영상은 영화나 드라마 그리고 뮤직비디오의 내용에 대한 간략한 이미지를 전달할 뿐만 아니라 그로 인해 호기심을 더 유도한다. 티저 공간인 현관은 집안의 이미지를 간략하게 전달해줄 뿐만 아니라 집에 대한 관심도를 높여줘야 한다.

여기서 주의할 점은 티저 영상만 떠올리며 다이나믹한 소재 혹은 임팩트가 강한 효과만 연상시켜 현관을 복잡하게 만들 필요는 없다. 특히나 풍수 인테리어에 관심이 있다면 현관이 정돈되어 있어야 집안에 복이 들어온다고 한다. 풍수적인 팁을 더 주자면 현관에 붉은 계열의 색상이 있으면 돈이 들어온다고 한다. 이건 '빨간 지갑이 돈을 불러온다'라는 속설과도 한 맥락인 것 같다. 우리 집의 현관문(집안 방향)의 색 역시 버건디(암적색) 컬러로 페인팅했다. 사실 주방에 포인트 벽을 버건디 컬러로 페인팅 하고자 결정한 후, 현관문의 컬러도 자연스럽게 버건디로 칠하게 되었지만 의미까지 덧붙여지니 더욱더 마음에 드는 결과물이 되었다.

이런 버건디 컬러 현관문을 등지고 바라보면 신발장을 두는 자리가 나온다. 우리가 처음 이 집에 왔을 때 전 세입자는 천장까지 거의 맞닿는 높이의 신발장을 세워두고 있었다.

현관문을 닫고 들어와 1.5m내에 보이는 벽 앞에 벽 가득 신발장을 두는 건 숨이 턱하고 막혀오는 기분이었다. 물론 기능적인 부분만 생각했다면 그것이 최선일 수도 있겠지만, 우리는 피하고 싶은 선택 중 하나였다. 그래서 우리는 그 위치에 신발장의 기능을 하는 가구를 배치해 두었다. 신발장이면 신발장이지 신발장의 '기능'이라고 말한 까닭은 신발장이라고 단정 지어버리기엔 아까운 수납장이었기 때문이다.

신발장이라는 이름을 단 가구들은 대부분 붙박이거나 늘 신발장의 역할만 하기 때문에 이름표 만이라도 미정으로 지어주고 다른 집으로 이사를 가게 된다면 또 다른 멋진 역할을 부여해 주고 싶은 우리의 욕심이라 해 두자.

현관에 있는 수납장을 소개하자면, 100% 티크 원목으로 디자인된 1.5m 높이의 수납장이다. 앞서 말했듯이 높은 신발장으로 입구에서부터 시야를 답답하게 하고 싶은 마음이 없었기 때문에 낮은 가구를 선택하게 되었다.

이 수납장은 오일 마감이 된 가구이기 때문에 특유의 오일 피니쉬 퍼니처의 매력을 뽐내고 있다. 오일 피니쉬 퍼니처는 시간이 흘러 그 빛이 희미해지면 혹은 작은 스크래치를 커버하고 싶으면 오일을 다시 발라서 다시 한번 매력지수를 높여 줄 수 있다. 이때 오일은 꼭 값비싼 가구 전용 오일이지 않아도 좋다. 조리할 때 사용하는 기름을 휴지에 살짝 묻혀 닦아주어도 큰 효과를 볼 수 있다. 이렇게 관리만 해준다면 자식들에게도 앤티크 가구를 물려줄 수 있다. 또한 요즘에는 수납용품들이 다양해 신발 정리도 큰 걱정은 없을 것이다. 신발 수납용품이 실용적으로 나왔기 때문에 우리 둘의 신발들을 겨울 부츠를 제외하고는 잘 정돈했다. 큰 신발장을 쓰더라도 여자들의 겨울 부츠를 정리하기 힘든 건 매한가지 일테니 말이다.

신발장을 대신하는 티크 원목의 수납장 위에 우리 둘에게 의미가 깊은 신발 두 켤레를 올려두었다. 바로 우리 커플의 웨딩 슈즈. 크게 인화된 웨딩 사진과 함께 웨딩 슈즈를 올려두어 '나는 신혼이다'를 강조했다. 때때로 기분전환을 하고 싶을 때에는 예쁜 꽃을 이곳에 함께 올려둔다. 특히 손님이 올 때에는 나름 집 단장이라는 명목으로 꽃을 올려주면 현관에 생기를 불어넣어 준다. 현관에는 생화나 초록 식물을 두면 좋은 기운을 가져다 준다는 풍수 이야기도 있다. 대신 조화는 피하는 것이 좋다.

아늑함을 강조한
가족 휴식처 거실 테라피

Therapy Point 아무리 작은 공간일지라도 아늑한 느낌을 담는 것이 중요하다. 공간이 너무 좁다고 생각된다면 가구를 이용해 공간을 나눠주는 것도 추천한다.

Color Point 앤티크함을 강조한 벤치 모양의 소파로 클래식함을 강조했다. 거실 가구의 브라운 컬러는 클래식하면서도 아늑한 느낌을 강조해 가족들의 휴식처로서의 거실의 느낌을 더욱 살려 준다.

OH! NO! 집의 중심부인 거실. 그에 걸맞는 가구에 대한 고민을 해야 한다. 가구 선택 시 활용도를 고민해 거실을 꾸미는 것이 중요하다. 자신의 스타일에 맞는 편안하고 안락한 가구를 선택하는 것이 좋다.

현관에서 첫 인사를 나눴던 수납장 뒤로 벤치형 긴 의자를 배치했다. 3인용 원목 벤치인데, 그 벤치를 기준으로 그 공간을 넘어서면 거실이 나온다. 사실 한눈에 보이는 공간이긴 하지만 무언가 파티션의 역할로 가구를 선택해 공간 분할을 할 필요를 느꼈다.

즉 '이 벤치 안쪽으로는 거실이야' 라고 말하는 것이다. 작은 공간을 적절하게 공간 분할하는 것은 모든 공간에 생기를 불어 넣는 효과가 있다.

우리 집 거실 공간의 가구들은 대부분 티크 원목 가구들이다. 대부분의 신혼집 혹은 작은 집에는 이사 혹은 나중에 아이들이 생기면 망가질 것을 염려하여 저가의 가구들을 많이 선택한다. 하지만 조금 더 투자하더라도 튼튼한 원목 가구를 구입하면 그러한 변수에서도 충분히 잘 이겨낼 수 있는 아이템이 된다. 가구를 선택할 때에는 회전율을 충분히 고민했으면 하는 바람이다. 금방 쓰고 바꿀 가구인지, 아니면 오랜 시간을 우리 집과 함께 할 가구인지를 따져서 오래 쓸 가구는 조금 더 투자를 해도 좋다는 말이다.

작은 공간을 가구로 분리해 현관과 거실을 분할.

현관을 등지고 자리한 거실.
작은 공간일수록 그 역할을 명확하게 구분해야 한다.
벤치형 의자로 공간을 분할하고, 부부의 사진과 녹색 식물을 배치해 휴식처임을 강조했다.

공간을 살리는 작은 집 테라피
2인 가구 인테리어

멀티 기능을 강조한
주부들의 놀이터 주방 테라피

Therapy Point 진열대와 조리대로 활용 가능한 아일랜드 테이블을 설치해 주방 공간을 활용했다.
Color Point 우연히 발견하게 된 창문을 아일랜드 테이블로 만들 때 선택한 색은 버건디. 재미 있는 공간을 좀 더 세련되고 아늑한 공간으로 만들어 주었다.
OH! NO! 조리대에 너무 많은 물건들을 올려 두면 집이 어수선해 보인다는 것을 잊지 말자.

우리 집의 주방 구조는 좀 독특하다. 주방이 두 가지 용도의 공간으로 나뉜다. 창문이 있는 벽을 기준으로 식사하는 다이닝 룸Dining room과 조리를 하는 키친Kitchen으로 정확하게 나누어져 있다. 창문 너머로 싱크대가 있는데 그곳이 조리를 하는 키친이 된다. 창문 앞으로 배치되어 있는 식탁이 있는 공간이 다이닝 룸이 되는 것이다. 처음 이 집을 보러 왔을 때는 다이닝 룸이라 부르는 이 공간이 드레스 룸으로 사용되고 있었고, 식탁 자리에 책장이 있었던지라 창문의 존재를 몰랐었다. 전세입자의 짐이 다 빠진 후에야 이 창문을 발견하고 득템한 기분이 들었다. 무언가 재미난 요소로 주방의 포인트가 되어 줄 것 같은 기분이 들었던 것이다. 그래서 우리는 창문과 벽을 버건디로 포인트를 주고 창문 위에 소품을 진열해 두었다.

작은 집에서는 공간 활용이 관건이기 때문에 '숨은 공간도 다시 보자!'라는 생각은 필수이다. 우리 집에서는 주방이 그랬다. 주방이 작다면 이런 고민은 한번쯤 하게 될 것이다. 우리 집 역시 주방이 공간 활용 테라피가 가장 필요한 곳이었다. 주방의 조리 공간이 부족해서 늘 싱크대 위까지 재료들을 점령해 있어야만 했으니 말이다. 그래서 소품들을 올려놓던 창문 위를 조리대 역할을 할 수 있는 아일랜드 테이블로 업그레이드 시켜 주었다. 요즘 많이 사용하는 아일랜드 테이블은 섬island이라는 뜻으로 메인 조리대에서 분리되어 마치 섬과 같은 테이블을 말한다.

우리는 아일랜드 테이블을 조리대 기능으로만 사용하지만 작은 집에서는 식탁 겸용으로 사용하기도 한다. 또한 아일랜드 테이블은 주부를 배려하는 마음이 깊이 담겨 있다. 본디 아일랜드 테이블은 조리대 맞은편에 배치되어 있어 가족들에게 등을 보이며 음식을 준비하던 주부들이 가족들과 얼굴을 보며 소통을 하면서 음식을 준비할 수 있기 때문이다. 이 창문을 활용하면 우리 집 역시 음식을 준비하면서 남편에게 더 이상 등만 보이는 것이 아니라 남편과 이야기를 나누며 음식을 준비 할 수 있게 되었다. 이것이 바로 신혼의 행복한 이야기 아니겠는가!

1 2
3 4

1 벽난로를 만들어 식사 공간에 따스함을 불어넣었다.
2 가족을 마주보며 음식을 준비할 수 있는 아이랜드 테이블.
3/4 창문을 활용한 다이닝 룸과 2인부터 6인까지 식사가 가
능한 다용도 식탁.

싱크대가 있던 부분의 타일 벽면도 다시 페인팅. 주방의 네모난 창문 너머로 싱크대가 보이는데 빛 바랜 파란색 타일이 늘 눈에 거슬리던 참에 아예 확실한 포인트 컬러를 입혀주기로 마음 먹었다. 컬러를 고를 때 많은 고민을 했지만, 조리 시 고추장 류의 음식물이 튀었을 때를 방지해서 같은 계열(?)인 오렌지를 선택한 것이다. 또한 오렌지 컬러는 입맛을 효과가 있어 탁월한 선택이 아니었을까 한다.

실용성을 강조한
휴식을 꿈꾸는 공간 침실 테라피

Therapy Point 침대의 머리 위치를 먼저 정한 다음 공간 활용을 선택해야 한다. 또한 작은 집이라면 반드시 두 가지 이상의 역할을 침실에 부여해라. 단 안방을 심플하면서도 제 역할을 제대로 할 수 있는 공간으로 만들어야 한다.

Color Point 보랏빛이 아주 살짝 감도는 화이트.

OH! NO! 침대 배치에 신경을 써야 한다. 외부의 빛, 침대 머리 위치를 신경 써 주는 것이 좋다.

집에서 가장 큰 방은 안방 즉 침실이다. 첫 번째 집에서 침실은 완벽한 개인 공간이자 우리 집의 유일한 방이었다. 남편을 제외하곤 그 누구와도 공유하지 않아도 되는 둘만의 공간이었다. 무엇보다 침실이 중요한 것은 다목적 역할에 있다.

침실은 휴식을 위한 공간이자 옷 방의 역할까지 해야 하는 다목적 공간이다. 우리 집 역시 마찬가지다. 침실에서 가장 중요한 것은 침대의 위치이다. 우리는 수공 조각이 들어가 있는 화이트워시 티크 원목 침대를 사용하고 있다.

침실에서 제일 큰 녀석 침대, 사실 어떤 가구보다도 침대의 배치에 따라 안방의 활용이 크게 좌우된다. 처음에는 에어컨 아래에 머리를 두기 싫어 에어컨 반대 방향으로 침대 헤드를 두었었다. 그런데 자고 일어나도 뭔가 개운하지가 않았다. 알고 보니 그쪽은 북쪽. 풍수 인테리어 측면에서 보면 잠자는 머리 방향은 북쪽을 피해야 한다. 즉 침실을 배치할 때는 머리를 두고 자는 위치 역시 중요했던 것이다. 여러 가지를 만족시킬 수 없을 때는 큰 부분부터 맞춰 나가야 한다. 너무 작은 것을 신경 쓰다가 오히려 큰 것을 놓치고 만다.

또한 첫 번째 우리의 침대 위치 문제점은 창문을 바라보고 자기 때문에 외부의 빛이나 아침에 햇빛을 정면으로 받아 숙면을 취하기에는 안 좋은 여건이었다는 것이다.

결국 우리는 대대적으로 침대 배치를 바꾸기로 결정했다. 그러면서 안방의 스타일링도 조금 더 실용적이며 편안하게 테라피하기로 했다.

침대 방향을 바꾸면서 사이드 테이블 기능으로 쓰던 의자 위에 두던 화장품을 책상 위로 올려주었다. 책상? 화장대가 아닌 책상이라 조금 낯설 수도 있겠다. 침실과 다소 어울릴 것 같지 않은 책상 이야기를 해 보자.

개인적으로 화장품이 적어 선택한 아이디어. 책상의 한 켠에 화장품을 진열해 두는 건 작은 침실에서 공간 활용을 위한 최선의 방법이었다. 우리가 선택한 책상은 가격 대비 훌륭한 결과물이었다. 철재서랍장은 시중에서 3~4만 원 대에 반제품(DIY제품)으로 구입할 수 있기 때문에 서랍장 두 개를 구입한 뒤 위에 원목을 얹어 책상을 완성했다. 고급스러운 물푸레나무(애쉬)로 제작된 상판이기 때문에 기존 사무용 가구나 MDF로 제작된 무늬목 가구보다 훨씬 고급스러우면서 친환경적이었다.

특히 원목 가구를 좋아하는 사람들에게는 비용을 아끼면서 원목을 사용할 수 있는 좋은 방법인 셈이다. 원목을 구하는 것을 제한적인 시선으로 접근할 필요는 없다. 원하는 사이즈로 재단해서 주문할 수 있는 사이트를 활용한다면 누구나 손쉽게 할 수 있기 때문이다. 원목의 종류도, 마감 컬러도 원하는 대로 디자인한 뒤 제작해 볼 수 있기 때문에 DIY초보들이 쉽게 도전해 볼 만하다. 우리는 침대 아래에 남는 공간을 긴 책상으로 채워주고 우리 부부가 함께 앉아 작업이나 독서를 할 수 공간을 만들었다. 개인적으로 참 좋아하는 공간이었다.

침실 안 책상. 낯선 아이템일 수도 있겠으나
신혼부부의 작은 집, 즉 첫 번째 집에는
꽤 잘 어울리는 아이템이었다.

침실에 작은 책상을 배치. 책상의 한 켠에 화
장품과 작은 거울 등의 소품을 두어 좁은 공간
을 살렸으며, 서랍과 선반을 이용해 수납과 정
리를 해결했다.

2nd Self Interior

햇살과 만나 더 밝아지고
편리해진 공간 11평

빛과 함께 발랄해지고,
멀티 공간으로 다시 태어난 신세대 감각의 아이디어 가득!
라스제이와 라스케이의 두 번째 신혼집 테라피!

이사! 전셋집을 살 때 가장 불편함을 느끼게 되는 순간이 아닐까 싶다. 첫 신혼집에서의 2년은 짧게 흘러갔다. 집안 구석구석 우리의 손길이 안 닿은 곳이 없었다. 이런저런 까닭에 2년 만의 이사를 결정하는 것은 쉽지 않았다. 실평수 11평(37.35㎡)의 두 번째 집, 5층에 자리한 햇빛이 잘 드는 남향 집으로 빛이 참 마음에 드는 집이라는 점이 우리 마음을 움직이게 했다.

138 P
139 P

이사 그리고…
2평 작아진 두 번째 집 디자이너 부부와 만나다

전셋집이라는 계약조건에 따라 2년이 지나 이사를 가야 하는 상황이 왔다. 계속 오르는 전셋값 때문에 우리는 새로운 보금자리를 찾게 되었다. 앞에서 소개한 것처럼 첫 번째 신혼집은 80년대 지어진 구옥 빌라였기 때문에 내부 페인팅이며 집안의 수리를 조금씩 하면서 살았다. 그래서 두 번째로 구하는 집은 우리가 크게 손대지 않아도 될 조건의 집을 찾기로 했다. 그러나 예산은 한정되어 있었고 우리 매장과 도보가 가능해야 한다는 조건 때문에 비슷한 평수대를 찾으면 첫 번째 집처럼 공간에 대한 수리를 우리가 해야만 했다. '우리는 천상 집을 수리해 가며 살아야 하는 팔자인가?' 싶을 정도로 우리의 예산으로는 서울에서, 그것도 강남이라는 땅값 비싼 곳에서 '좋은 집 = 우리 마음에 쏙 드는 집'을 찾기란 너무 힘든 일이었다. 다행히 마지막으로 본 집이 우리 마음에 쏙 들어왔다.

'우리 마음에 쏙 들어왔다' 라는 건 2년 동안 살던 첫 번째 집에서 아쉬웠던 점을 충족시켰기 때문이다. 우선 첫 번째 집도 남향이었으나 워낙 앞뒤로 빌라들이 가까이 붙어있는 2층집이라서 햇빛이 오랜 시간 동안 집안 깊이 들어오지 않았다. 하지만 두 번째 집은 채광이 좋은 집이었다(채광을 중요하게 생각한다면 낮에 방문해 봐야 한다).

단지 엘리베이터가 없는 점이 단점이었다. 그럼에도 '채광이 좋은 집'이라는 부분이 우리 부부의 마음을 잡았다. 무엇보다 지어진 지 4년 정도 된 빌라였기에 새집증후군은 빠진 딱 좋은 건축 연도라 생각되었다. 집안에 수리 할 부분도 적었고, 공간도 매우 깨끗한 편이였다. 대신 평수는 2평 더 좁아졌으며, 금액은 원래 살던 집의 처음 전세가보다 올랐다. 어쩌면 올라간 전세금으로 첫 번째 집에서 계약연장을 할 수도 있었지만, 같은 금액이라면 평수가 작아지더라도 이 집에 오고 싶다는 생각이 들었고 결국 이 집으로 이사를 결정했다. 2평이 작아졌다 하면, 이전 집에서 다이닝 룸으로 쓰던 방 하나 정도 빠졌다고 생각해 볼 수 있겠으나, 우리 부부가 크게 이용하지 않는다는 점을 고려하면 다행이다 싶었다.

두 번째 신혼집으로 이사하면서는 우리의 라이프스타일을 그대로 반영한 가구를
디자인, 제작하기로 했다. 첫 번째 집에서는 우리 가구 브랜드를 런칭하기 전이었기
에, 시댁에서 운영하는 가구점의 제품들로 꾸몄던 집이었다. 물론 작은 평수의 빌라
에서 클래식하면서 앤티크한 느낌을 연출할 수 있었기 때문에 칭찬을 받았지만, 온
전히 우리의 색깔을 담아낸 가구로 생활해보고 싶었다. 또한 엄연히 가구 디자인에
서부터 제작 납품까지 직접 하는 부부가 본인들 제품을 안 쓰고 어찌 상담을 하겠는
가? 사실 나는 이 순간을 기다리고 있었다!

취향을 고려한 공간 채움
부부가 행복해지는 작은 집 테라피 노하우

우선 이전 세입자가 살고 있는 집을 구경하면서 머릿속으로 공간의 기본환경을 어떻게 개선해야 하는지 고민해 보았다. 공간의 기본환경이라 하면 벽과 바닥의 상태를 우선 체크해야 했고, 조명 부분도 살펴야 한다. 두 번째 집은 정말 깨끗하고 깔끔했기 때문에 크게 손볼 곳이 없었다. 간접조명까지도 설치된 꼼꼼한 집이었다. 단, 깨끗한 도배지였지만 안방 부분이 우리 부부의 취향에 맞지 않는 꽃무늬 벽지였다. 그래서 안방 부분만 다시 셀프 페인팅 하기로 했다. 그리고 우리의 라이프스타일을 반영한다면 어떻게 가구를 배치해야 하는지 고민을 해보았다. 집의 도면이 없었기 때문에 우리가 직접 실측을 해서 집 평면도를 만들고 현재의 가구 배치를 그려본 다음 개선해야 할 부분들을 수정해서 다시 그려보았다. 이사 후, 두 번째 신혼집을 테라피한 순서를 요약해 본다. 또한 이 같은 방법은 이사 후 유용하니 알아두자.

**첫째,
기본 공간 요소를
체크한다**

도배나 바닥 부분을 교체할지, 수리할 부분이 어디 있는지 살펴보는 것이다. 천장과 벽의 도배 상태와 바닥을 체크하여 새로 교체해야 할 부분이 있는지 점검한다. 우리 부부의 경우 취향과 맞지 않는 안방 벽지 부분만 올 화이트로 셀프 페인팅 하기로 결정했다. 이때 집에서 수리해야 할 부분에 있다면 집주인과 계약 전 반드시 상의하는 게 좋다. 우리의 경우 화장실의 세면대가 흔들리고, 샤워기 걸이나 수전부품들이 부서지거나 부식되어 있어 교체를 요청해 교체했다.

생활 동선 및 습관을 고려하여 가구를 배치하고 이에 따라 공간의 용도를 결정하는 것이다. 나는 집에서 컴퓨터 작업을 하는 일이 잦기 때문에 홈오피스 개념의 공간이 필요했다. 그리고 남편은 안방에 텔레비전을 배치해 놓기를 원했다. 사실 작업을 할 때 TV가 바로 앞에 보이면 집중이 덜 되기 때문에 내가 원하는 공간과 남편이 원하는 공간은 반드시 분리되어야 했다. 그래서 거실 공간은 홈오피스로도, 주방 공간으로도 함께 사용할 수 있는 테이블을 두고 소파와 책장을 두기로 했다. 테이블은 식탁으로도 사용해야 하기 때문에 싱크대 가까이로 배치가 되어야 하고, 소파는 창문으로 된 벽을 피해 테이블 반대편 벽에 배치하기로 했다. 그리고 안방에 침대와 행거, 화장대, 텔레비전 장식장을 배치해 두기로 했다.이렇게 가구 배치를 끝내고 보니 원룸, 원거실의 개념의 우리 집은 현관을 들어오자마자 보이는 거실은 주방(키친 앤 다이닝 룸) 겸 서재(홈오피스)의 공간으로, 방은 침실(베드 룸) 겸 옷방(드레스 룸)으로로 공간의 역할이 나누어지게 됐다.

지금 살고 있는 작은 집에만 맞는 가구가 아닌 오랜 시간 우리 부부와 함께 할 수 있는 가구에 대해 고민해야만 했다. 우리 부부는 친환경 원목 가구로 사용하는 사람과 오래 함께 하길 바라는 마음으로 가구를 제작한다. 그렇기 때문에 이번 집에만 일시적으로 필요한 가구가 아닌 이후 더 넓은 평수 혹은 다른 구조로 이사 갔을 때에도 활용할 수 있는 가구를 제작하기로 했다. 우선 작은 집에서는 수납이 되는 가구가 유용할 때가 있다. 예를 들어 나에게 오븐장은 반드시 필요했으나 주방 안에는 오븐을 둘만한 공간이 없었다. 따라서 오븐도 넣을 수 있고 주방의 잡동사니를 수납할 수 있는 아일랜드 테이블을 제작하기로 했다. 또한 아일랜드 테이블과 세트 느낌으로 접시장을 남편이 디자인해서 제작해 주었다. 접시장 역시도 작은 집에서 매우 훌륭한 아이템이다. 접시를 수납한다는 기능이 있지만, 예쁜 접시를 두면 벽이 포인트가 되어 홈스타일링에 큰 도움을 주기 때문이다. 이렇듯 수납과 기능을 충분히 갖춘 가구들을 제작해 안방, 거실, 주방에 배치했다.

화분과 개성 넘치는 소품들로 포인트를 주는 것이다. 식물의 초록색은 정신적으로나 육체적으로 도움을 주는 고마운 존재이기에 예쁘다 싶으면 구입을 망설이지 않았다. 그리고 아껴두었던 유니크한 소품들을 꺼내어 활용하기도 하고, 직접 소품을 제작하기도 했다. 북유럽 인테리어가 대세인 요즘 북유럽 브랜드 제품들이 인기인데, 가격은 어마어마하다. 따라서 그 스타일의 제품들을 잘 찾아 구입하고, 정 어렵다 싶으면 DIY로 만족하기도 했다.

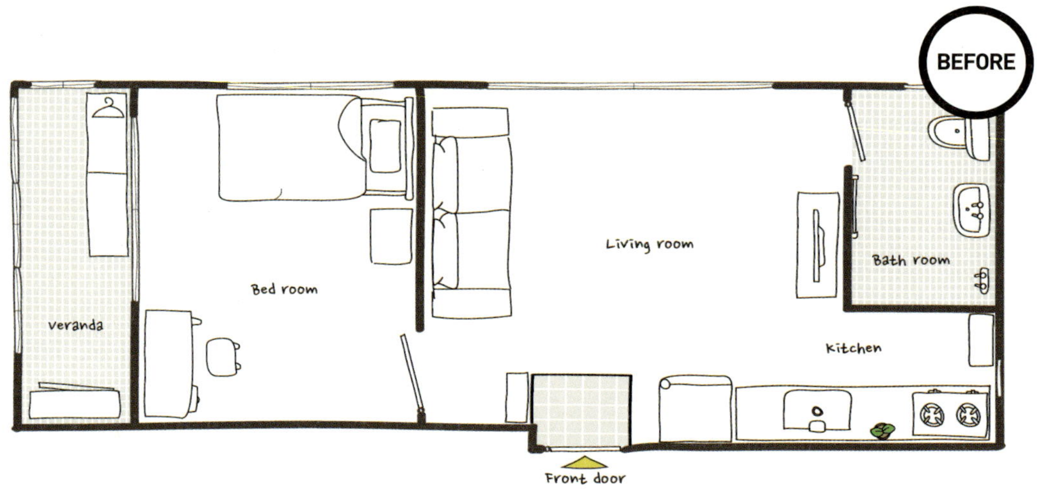

혼자 사는 여자 감성의 싱글룸 인테리어

1 식물이 없는 건조한 집안의 모습.
2 필수 가구 없이 공간 활용이 제대로 이루어지지 않음.
싱글녀의 취향이 물씬 풍기는 공주풍 인테리어. 예, 안방 꽃무늬 벽지.

테라피 전 》 깔끔한 집이었으나 우리 부부 취향과 다른 벽지가 마음에 걸렸다. 무엇보다 첫 번째 집
에 비해 2평이 작아졌기에 공간 활용에 신경을 써야 했다.

둘이 사는 신혼집 인테리어 적용

1   공간에 알맞은 식물을 많이 두어 플랜테리어 완성. 채광이 잘 되는 거실 중심으로 식물을 둠.

2   작은 집 공간을 최대한 활용할 수 있도록 수납에 중점적으로 신경을 쓰고, 공간의 용도를 2가지 용도로 쓸 수 있는 멀티 공간으로 만듦. 특히 벽면과 창틀을 활용하는 아이디어를 많이 냄.

3   안방 꽃무늬 벽지는 화이트로 페인팅.

테라피 후 ≫ 첫 번째 집보다 작아진 평수만큼 공간을 활용하고자 중점을 뒀다. 즉 2명 짐을 최대한 수납할 수 있는 공간들을 만들어 정리에 신경을 썼다. 우리가 제작하는 가구는 폭을 슬림하게 작업하기 때문에 좁은 공간 활용에 도움이 된다. 또한 벽면과 창틀, 수납이 가능한 가구를 배치해 공간 활용에 신경을 썼다.

공간 기능을 강조한
티저 공간 현관 테라피

Therapy Point 첫 번째 집에 비해 현관이 더 좁아졌다. 그러나 아무리 좁은 공간일지라도 공간의 기능을 살리는 것이 작은 집 테라피다.

Color Point 현관 색은 기존 그레이 컬러를 유지하기로 했다. 빌트인 신발장과 잘 어울리는 차분한 느낌으로 말이다.

OH! NO! 협소한 공간이기 때문에 신발을 현관에 늘어 놓기보다 신발장을 최대한 이용해야 했다.

집안에 들어서면 가장 먼저 접하게 되는 현관. 그래서 우린 현관을 집안의 얼굴이라고도 하고 티저 공간이라고도 생각한다고 이미 밝힌 바 있다. 이번 집의 현관은 매우 작다. 현관을 들어오자마자 거실의 모습이 한 눈에 들어오기 때문에 현관이라고 느낄 새도 없이 거실을 마주하게 된다. 하지만 "나는 현관이다"라는 느낌을 주기 위해 집에 들어오자마자 보이는 옆면을 활용해 보기로 했다. 사실 그 면은 바로 냉장고 옆면이다. 냉장고 옆면과 신발장 사이의 작은 공간이 유일하게 현관이라고 부를 수 있는 공간인데 협소하다 보니 공간을 그냥 지나치기엔 아쉬워서 그 동안 꽁꽁 숨겨두었던 비장의 아이템을 꺼내게 되었다.

뉴욕 신혼여행 중 한 마트에서 발견한 클립 소품. 하지만 이 전 집에서는 마땅히 걸 곳이 없어서 패키지 그대로 꽁꽁 안고 지내던 아이가 드디어 빛을 발하게 된 것이다. 내가 좋아하는 사진들을 우선 꽂아두고, 간단한 메모지로도 활용이 가능하다.

신발장은 빌트인 되어 있어서 깔끔하게 위에서 아래까지 '쭉' 우리들의 신발을 넣어둘 수 있게 되었다.

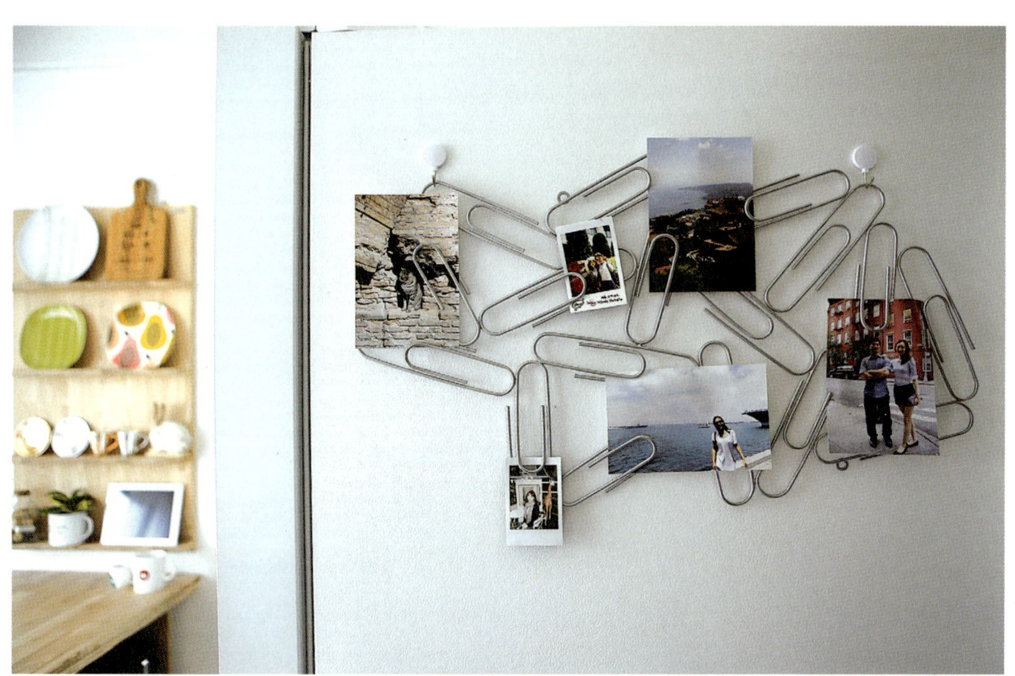

작은 집은 당연히 현관도 작다. 그러나 아무리 현관이 작은 공간이라도 티
저 공간으로써의 역할을 해야 한다.

편리함을 강조한
수납 공간 주방 테라피

Therapy Point 작은 집의 주방은 정리와 수납이 더욱 필요하다. 깔끔하게 정리해, 편리하게 쓸 수 있는 정리에 포인트를 두었다.

Color Point 기존 주방의 색을 그대로 살렸다. 여기에 직접 그린 북유럽 풍의 액자로 마무리했다.

OH! NO! 작은 공간의 주방에서 정리와 수납이 제대로 되지 않는다면 난감할 듯 하다. 집안에서 가장 많은 아이템들을 수납해야 하는 공간이니 만큼 실용성을 높인 정리와 수납이 필요하다.

이번 집의 경우 주방으로 분리되는 공간이 매우 작다. 하지만 그 안에 수납해야 할 아이템의 개수만 따져보면 아이템이 가장 많은 공간이다. 각종 그릇과 냄비 그리고 식재료들까지 이 모든 것들을 수납하기 위해서 주방 정리에 대한 솔루션을 찾아보았다. 정리, 수납용품은 말 그대로 기능만 충실하면 되기 때문에 비싼 브랜드 제품보다 다이소와 같은 실속 매장에서 저렴하지만 실용적인 아이템들을 잔뜩 사다 활용했다. 잔뜩 사온 용품들은 전부 다 합쳐도 3만원 이하. 이 정도의 금액을 투자해서 작은 집 주방이 싹, 정리된다면 이보다 좋은 것도 없지 않겠는가?

1 첫 번째 집 침실 책상 위 서랍장을 주방에 두어 주방용품을 수납.

2 주방의 합리적 선택. 아일랜드 테이블.

3 애쉬 원목 접시장. 잡지에 소개될 뿐만 아니라 블로그 이웃들의 문의가 가장 많았던 우리 집만의 잇! 아이템. 예쁜 접시들을 진열하여 인테리어 효과를 볼 수 있으며, 작은 소품들도 함께 올려둘 수 있다. 또한 우리는 아이패드 거치대로 사용한다.

멀티 기능을 강조한
거실 테라피

Therapy Point 공간에 기능을 제대로 입히는 것이 작은 집 테라피의 기본이라 생각한다. 다이닝 룸과 거실의 경계를 허물어 개인 업무와 휴식, 식사를 동시에 즐길 수 있는 공간으로 만들었다.

Color Point 전체적으로 파스텔 톤을 선택함으로써 너무 무겁지 않되 차분하고 따스한 공간임을 강조했다.

OH! NO! 두 가지 이상의 기능을 한 공간에 채울 때는 반드시 주요 기능을 제대로 살려 줘야 한다. 개인 업무를 볼 수 있는 공간으로 만들었지만 이 공간은 서재가 아닌 다이닝 룸이다. 즉 가족들과 함께 나눌 수 있는 공간이 되어야 한다.

거실과 주방이 결합된 공간이 두 번째 집의 특징이다. 아일랜드 테이블과 소파가 배치된 거실. 아일랜드 테이블의 주 기능은 식탁이지만, 때때로 노트북을 올려두고 책상으로 활용한다. 접시장 또한 아이패드가 거치될 수 있기 때문에 전자액자 개념으로 아이패드를 거치해 두면, 아일랜드 테이블은 가전들과 함께 홈오피스의 느낌을 연출해 주기도 한다. 게다가 맞은편에 책들을 수납하고 있는 소파 덕분에 더욱더 홈오피스 느낌이 물씬 풍긴다.

소파 옆에는 청소기가 배치해 두었다. 작은 집일수록 가전들이 쉽게 노출될 수밖에 없다. 숨길 수 있는 여유 공간이 없기 때문이다. 그래서 더욱더 디자인을 신경 써서 구매할 수 밖에 없다. 우리가 선택한 이 청소기들은 요즘 주부들이 지양하는 북유럽 디자인 제품이기 때문에 잘 보이는 곳에 두어도 소품의 역할을 하기도 한다. 하지만 디자인이 예뻐서 사용하는 제품은 아니다. 기능 또한 매우 훌륭하여, 러그를 사용하는 우리 집에서 반드시 필요한 청소기이다. 러그가 필수 생활품인 북유럽의 생활 환경 때문인지 북유럽 제품인 이 청소기는 러그 청소할 때에 그 기능을 무한으로 느낄 수 있다.

공간을 살리는 작은 집 테라피
2인 가구 인테리어

거실에 배치한 소파는 수납과 의자 형태가 결합된 가구로 제작했다.
휴식과 수납을 한번에 해결!

공간을 살리는 작은 집 테라피
2인 가구 인테리어

채광이 좋은 두 번째 집. 수납에 신경 써 제작한 소파와 잘 어울리는 녹색 식물을 다양하게 배치.

편안함을 강조한
힐링의 공간 침실 테라피

Therapy Point 이번 집에서는 휴식을 위한 공간으로 침실을 꾸몄다. 오랜 작업에서 지친 남편이 누구의 방해도 받지 않고 쉴 수 있는 공간으로 말이다. 남편 역시 아주 만족하고 있다.
Color Point 화이트와 연한 브라운, 철제의 그레이가 어우러져 편안한 공간이 연출되었다.
OH! NO! 침실에 배치할 가구들의 디자인에 신경 써야 한다. 다양한 기능의 가구들을 배치해야 하기 때문에 간결한 디자인의 가구들을 배치해야 휴식을 방해하지 않는 공간이 될 수 있다.

기능에 충실한 간결한 디자인이야 말로 오래 봐도 질리지 않는다. 특히 침대는 군더더기 없이 간결한 디자인이 좋다. 침대 헤드 부분과 사이드 테이블이 확장된 느낌을 주는 우리 침대는 헤드가 넓어 보이는 효과를 준다. 또한 핸드폰 충전 시 거치대로 활용할 수 있는 선반은 활용도가 좋다. 침대 옆 선반은 침실을 좀 더 편안한 공간으로 만들어 주는 아이템이다. 우리는 침대 옆 창문을 활용한 창문 거치 선반을 만들어 두었다. 텔레비전 리모컨은 물론 물컵과 미니 화분을 올릴 수 있는 유용한 거치대다.

또한 텔레비전을 올려두고 있는 텔레비전 장식장은 일반 높이보다 더 높이 제작하여 침대의 높이에서 보았을 때 편하도록 제작했다. 이렇게 침실에는 침대와 선반, 90cm 높이의 텔레비전 장식장과 더불어 주워온 가구의 재탄생을 보여주는 행거와 거울을 함께 배치했다.

마지막으로 선택한 철제 캐비닛은 우리 집에서 유일하게 원목이 아닌 가구이다. 캐비닛 안에 수납 공간이 넉넉하기 때문에 화장대 대신 사용할 수 있다는 점이 선택의 이유였다. 목재와 철재 가구들이 어우러져 심플하며 캐주얼한 분위기를 연출한다.

Marché Chatelet
Boulevard Richard Lenoir 526770
La fleur à côté de fenêtre
me rend heureuse.

화분과 리모컨, 컵 등을 올려둘 선반을 제작, 창틀에 활용. 창을 열고 닫기도 가능해 편리한 선반이다.

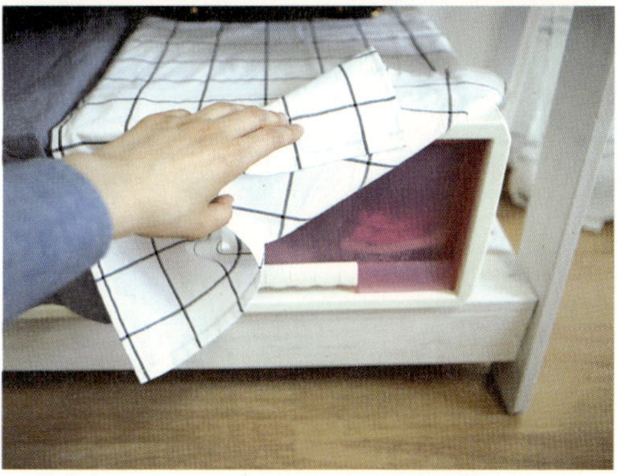

▲ 결혼 전부터 써 오던 플라스틱 수납장은 우리 방과 어울리지 않아 예쁜 패브릭으로 살포시 덮어두었다.

◀ 작은 집 공간들을 실용적으로 활용하기 위해 가구의 폭을 기성 가구에 비해 좁게 제작하였다.

자주 입는 옷은 침실 안에 두고, 안방 베란다 공간에 행거를 두어 옷과 생활 소품들을 정리. 공간 활용도를 높였다.

미친듯이 심플하게 사는 법
정리로 만든 공간 스토리

작은 집 인테리어에 있어서 '정리'라는 키워드는 늘 따라다니기 마련이다. 안 그래도 작은 집인데 정신 없이 수납이 되어 있으면 산만함이 느껴져서 집에서 쉬는 사람이 불편함을 느낄 수 있다. 우리도 이런 마음을 잘 알기 때문에 시중에 정리 도구 용품들을 이용해 보기로 했다. 이제는 정리하려고 우유팩을 모아 씻어 말리고 칸을 나누는 번거로움을 하지 않아도 된다. 서랍 정리며 신발 정리, 프라이팬 정리 등 다양한 카테고리의 정리 도구들이 저렴하게 나와 있으니 자신에게 맞는 상품들을 잘 고르다면 도움이 될 것이다.

편리한 주방 만들기 _ 싱크대 수납 정리

주방 싱크대 정리는 '프라이팬을 어떻게 수납하느냐'가 관건이다. 프라이팬은 낮고 넓기 때문에 하나씩 보관할 경우 많은 자리를 차지한다. 그렇다고 그냥 쌓아두기만 하면 꺼내서 사용할 때마다 모두 꺼내야 하니 번거롭기 마련이다. 이럴 때 추천하고 싶은 아이템이 프라이팬 정리 도구이다. 싱크대 하부 공간을 좀 더 깔끔하게 정리해둘 수 있어서 유용하다. 안 보이는 곳이더라도 정리를 잘 해 주면 사용하고자 할 때 손쉽게 찾을 수 있으니 주부들의 스트레스를 조금은 줄일 수 있을 것이다.

친환경 주방 청소 _ 베이킹소다 활용

작은 집에서의 청결은 무엇보다 중요하다. 그래서 천연 세재인 베이킹소다의 역할이 반갑다. 껍질째 먹는 과일을 먹을 때도, 찌든 때를 청소 할 때도 참 유용하기 때문이다.

특히 가스레인지. 음식을 할 때마다 묻게 되는 다양한 때로 참으로 스트레스를 받게 되는 녀석이었다. 이럴 때 역시 베이킹소다가 유용하다. 우선 가스레인지 표면에 물을 충분히 뿌려둔 다음 베이킹 소다를 솔솔 뿌리고 2분 정도 후에 닦아보자. 묵은 때가 싹 닦이니 기분까지 상쾌해진다. 가스레인지 위 뿐만 아니다. 잘 안 닦이는 냄비의 기름때나 들러붙은 음식을 제거할 때도 박박 문지르지 않아도 베이킹소다를 뿌리면 잘 씻어진다.

또한 싱크대 하수구 부분에 베이킹 소다를 뿌린 뒤 식초를 뿌리면 보글보글 화학작용이 일어나는데 세균, 살균 효과가 있단다. 베이킹소다, 주방에는 꼭 필요한 아이템이 아닐까 한다.

똘똘한 주방 아이템 _ **유리병을 활용한 양념통**

결혼 때 선물 받은 양념통은 불투명 용기, 살림에 맛을 조금 들이다 보니 양념통은 투명 용기가 좋다는 것을 알게 되었다. 그렇지만 선뜻 구입은 하지 않게 되는 양념통, 다른 방법이 없을까 궁리하던 중 평소 즐겨 먹는 건포도 용기를 보고 이거다 싶었다. 이렇듯 주변에서 쉽게 만날 수 있는 투명 용기들을 눈여겨보자.

투명 용기를 양념통으로 쓸 경우 라벨을 붙여 보관하면 요리 시 일일이 열어 보지 않고 내용물과 양을 파악할 수 있어 좋고, 세척하기도 손쉬우니 똘똘한 주방 아이템이다.

알면 편한 살림 노하우 _ **티셔츠 접는 법**

티셔츠 접기, 은근 손이 많이 간다. 빨래 개는 것도 노하우가 있는 법. 깔끔하고 빠르게 티셔츠 개는 법을 소개해 본다. 특히 오픈된 공간이나 행거에 쌓아둘 때에는 착착, 잘 개어놔야 깔끔해 보이기 때문에 그런 집들에 유용하다. 다른 도구는 필요 없고 티셔츠의 중요한 포인트를 알면 끝!

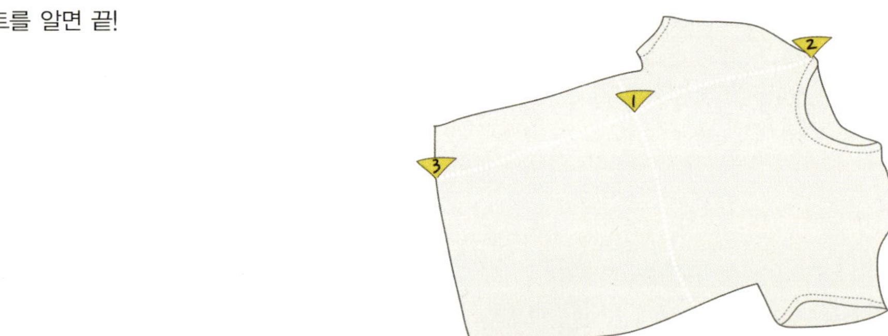

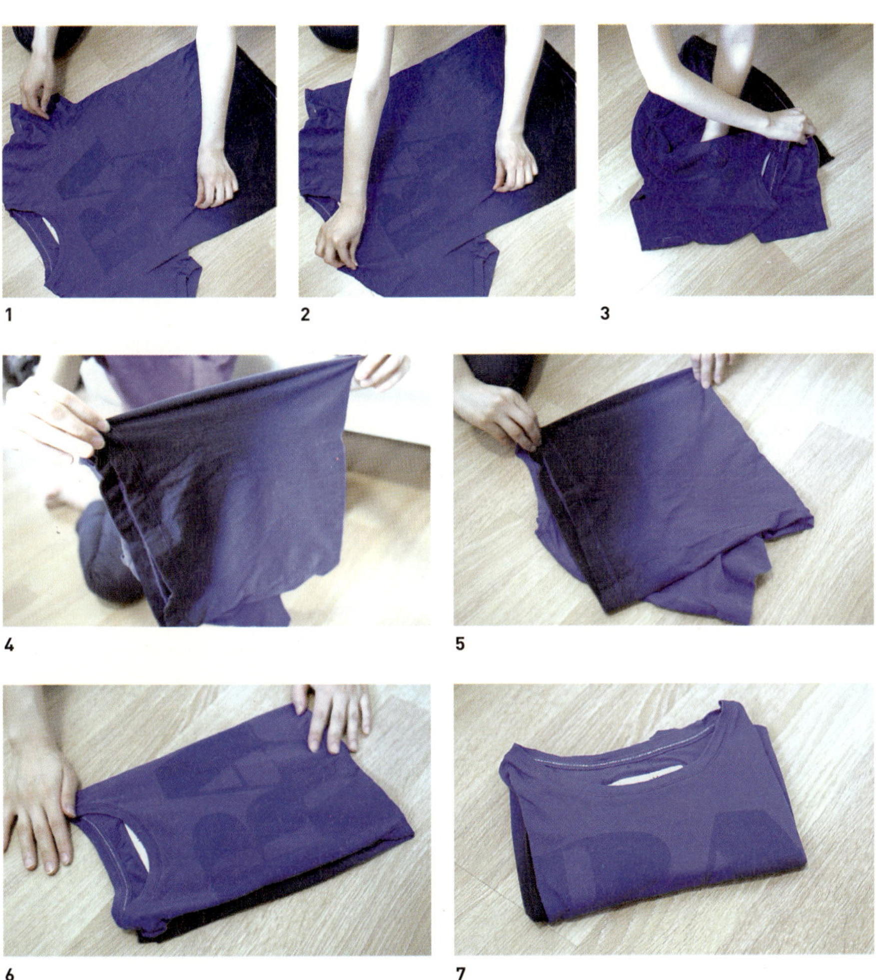

1
2
3
4
5
6
7

우리의 첫 번째 신혼집은 현관문을 열자마자 신발장 위치를 마주하게 되어 있었고, 그 건너 거실이 보이는 구조였다. 바닥에서 천정까지 막는 신발장 때문에 현관에서부터 답답함을 주고 싶지 않았다. 그래서 선택한 가구는 낮은 높이의 신발장. 사실 원래는 신발장 기능이 아닌 예쁜 원목 수납장이었다. 신발장이 아닌 수납장을 현관에 두었기 때문에 내부에 수납이 상당히 중요했다.

긴 부츠는 베란다에 보관하고 겨울철에만 현관에 꺼내 두었고, 신발장 안에는 자주 신는 신발 위주로 수납해 두었다. 플라스틱으로 되어 있는 신발 수납용품은 위, 아래로 신발 한쌍씩을 진열해 둘 수 있기 때문에 신발 한쌍을 아무런 도구 없이 넣어둘 때보다

두배로 많이 넣어둘 수 있다. 여성용은 조금 더 폭이 작게 나오고 남성용은 폭이 넓게 나오기 때문에 부부의 신발 비율을 고려하여 구입하면 된다.

요즘은 각 집마다 노트북, 아이패드 등 기기가 많아 정리법을 알아두면 유용하다. 우리 집의 경우 노트북 2개와 아이패드 1개가 있다 보니 이 녀석들을 정리, 수납하는 방법이 필요했다. 쌓아서 보관하기는 꺼림칙하고 해서 다이소 접시꽂이를 이용, 기기들을 파우치에 넣어 보관하게 됐다.

작은 집 테라피하는 방법
가구와 소품 이야기

20평 이하의 작은 집은 기본적으로 좁은 공간이므로 가구와 소품 배치가 중요하다. 각 공간에 1개 이상의 역할을 부여하는 방법은 작은 집 테라피에 유용하다. 그러한 역할을 제대로 분배하기 위해서는 기능성이 높은 가구와 좁은 공간을 빛내 줄 아이디어 소품이 필요한 법이다.

주부를 배려한 주방 필수품
아일랜드 테이블

식사 공간 + 요리 공간

첫 번째 집, 주방 벽에서 발견한 창문. 처음 집을 봤을 때는 이 공간을 드레스 룸으로 사용하고 있던 터라 발견하지 못했다. 처음에는 '저 아이를 어떻게 살려야 할까?' 고민하며 창틀 위에 소품들을 올려놨었다. 하지만 창문 뒤의 조리 공간이 좁아 창문 위를 좀 더 활용하기로 했다.

작업실에서 창문에 넣을 수 있는 남아 있는 목재를 찾아 96cm*30cm 사이즈로 컷팅! 몸이 닿을 수 있는 부분의 모서리는 라운드로 굴려 다듬어 창문 위에 살포시 올려두었는데 아일랜드 테이블로 멋지게 변신했다. 이제 오일로 마감하면 된다. 직접 천연 오일 만들 수 있다. 거창하게 천연 오일이라 했지만, 그것은 바로 식용유 칠하기! 포도씨유나 기타 식용유를 100~200도로 끓여 식히면 오일이 된다. 이렇게 완성된 오일은 끈적임이 사라지고 가구에 오일처럼 바를 수 있다. 마감이 안 된 목재에 오일을 바르면 곰팡이도 예방되고, 오일로 인해 색상도 더 예뻐지고 질감도 살아난다!

1 창문에 맞는 사이즈로 목재를 재단한다.

2 창문 위에 올려 사이즈를 맞춰본다.

3 식용유를 프라이팬에 100~200도 정도로 끓인다.

4 ③의 식용유를 식혀둔 뒤 그릇에 담아 헝겊 조각에 살짝 묻혀 결 방향대로 닦아준다.
24시간 후, 다시 한 번 오일을 칠해준다. 총 2회 이상 마감해 준다.

1

2

3

4

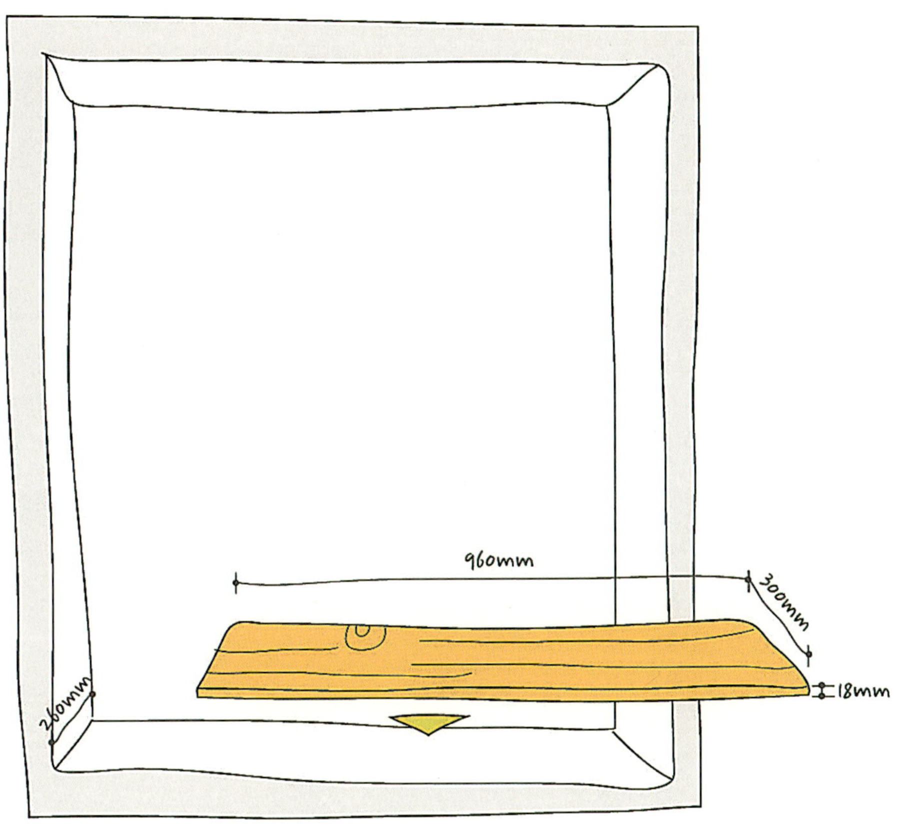

가로는 창틀보다 5mm정도 작게해서 쏙! 들어가게 하고,
세로는 창틀 아랫면을 가려주고, 넓게 사용할 수 있도록 40mm크게 제작했다.

오일 칠하기 과정 TIP

끓였던 식용유를 한김 식힌 후 그릇에 덜어낸다. 헝겊 조각에 기름을 묻혀 칠하고 나무 결대로 칠하면 되니 방법은 쉽다! 오일이 목재로 스며들어 건조되는 시간이 필요하다. 건조 시간은 환경조건에 따라 다르지만, 적어도 하루 정도는 간격을 두어 2회 이상 칠하는 게 좋다.

일반적인 오일 마감은 바니쉬나 방수용 오일만큼의 완벽한 방수가 되지는 않아 물을 조심해야 한다. 하지만 오일 마감의 고급스러운 질감과 친환경적이라는 장점을 생각한다면 오일 마감만큼 좋은 것은 없다. 혹, 물이 닿으면 목재의 결이 올라올 수 있다. 이때 완전 건조하고 사포로 살짝 샌딩 후 오일로 마감한다. 물 얼룩이 생기면 완전 건조 후 같은 방법으로 오일을 덧바르면 된다.

저렴하게 작업용 테이블 만들기
다용도 서재 책상

화장대 공간 + 업무 공간

첫 번째 집 침실은 침대 맞은편 벽면 전체가 다 비어져 있었기 때문에 긴 책상을 두어도 무관했지만, 이사 시 이런 공간이 안 나올 수 있다는 생각에 상판만 제단하고 다리는 철제수납장으로 대신하기로 했다.

다시 본론으로 돌아와서, 철제수납장의 가격은 3만 원 중반. 철제수납장 2개와 상판 재료 및 제작비를 시중 판매가로 책정한다면 약 15만 원정도가 들었다. 일반적으로 이렇게 다 구매를 해도 약 22만 원 돈으로 원목 책상을 만들 수 있다는 얘기다. 디자인 또한 북유럽 자료에서 많이 보던 화이트 스틸과 원목의 결합, 내추럴하면서 심플하기 때문에 우리가 사용해 본 결과 대만족이었다.

다용도 서재 책상의 장점은 저렴하게 원목 상판으로 된 책상을 사용할 수 있다는 점과 이사를 갔을 경우 사이즈 변경 시에도 상판의 폭을 더 줄일 수 있다는 것이다. 주의 할 점이 있다면 서랍장과 상판을 따로 연결해 두는 것이 아니므로 벽면에 붙일 경우에 사용하는 것이 좋다.

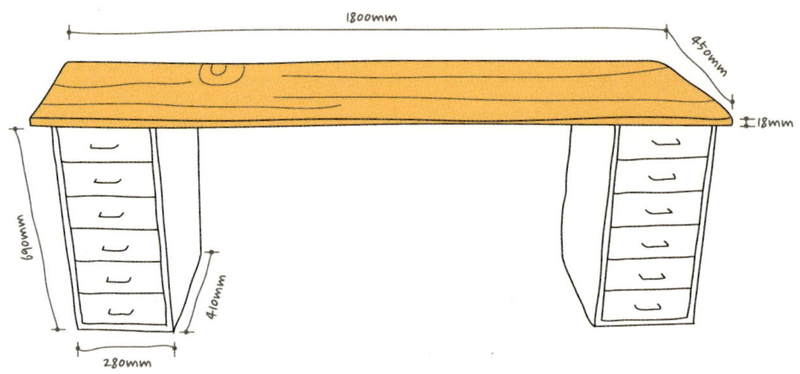

1 철제서랍장 반제품을 주문한다.

2 배송된 철제서랍장에 쓰여진 조립설명서를 보면서 서랍장을 완성한다.

3 원하는 상판의 사이즈를 제작한다.

4 서랍장 위에 살포시 얹는다.

개성 넘치는 벽면 만들기
북유럽 액자 그리기

재료 값 2만 원, 20분 정도만 투자하면 나만의 북유럽 액자를 완성할 수 있다. 요즘
유행하고 있는 북유럽 인테리어를 보면 개성 넘치는 액자들이 집에 꼭 하나씩은 있
다. 그러한 제품들을 제대로 구입하면 50만 원 이상, 부담스런 가격 앞에 미술학도
출신인 우리 부부는 붓을 들었다. 그리고 붓을 들었다 하기엔 민망할 정도로 초 간
단하게 북유럽 액자를 만들었다.

- 캔버스, 붓 1~2개, 아크릴 물감, 샤프 혹은 연필, 팔레트 혹은 플라스틱 용기, 지우개 청소용 테이프

HOW TO

1 집안에서 액자를 걸고 싶은 위치를 찾아 그곳에 어울릴만한 그림을 구상하고, 걸고 싶은 액자 크기를 잰 다음 화방에 들러 걸고 싶은 액자 크기와 제일 흡사한 사이즈를 찾는다.

2 구상해 둔 그림을 칠할 아크릴 물감과 붓을 구입한다. 아크릴 물감은 물로 세척되므로 1개만 있어도 되지만 붓은 2개 정도를 구입하는 것이 좋다.

3 그리고 싶은 사진이나 그림을 보면서 캔버스 위에 샤프 혹은 연필로 밑그림을 그린다. 밑그림이 완성되면 걸고 싶은 벽에 살짝 대고 멀리서 보면서 액자 속 그림 사이즈가 괜찮은지 체크한다.

4 밑그림 작업이 끝나면 아크릴 물감으로 채색한다. 아크릴 물감을 팔레트 혹은 플라스틱 용기, 종이컵에 덜어 붓이 촉촉히 젓을 정도로 물을 묻혀 사용하면 좋다.

5 농도는 물의 양 또는 붓 터치의 강도나 덧바름의 정도로 조절할 수 있다. 북유럽 스타일 액자는 명암, 입체감이 크게 중요하지 않기 때문에 컬러만 잘 골랐다면 포스터 칠하듯이 깔끔하게만 칠하면 된다.

6 액자 윗부분에 걸쇠를 단단히 박아 고정시킨다.

특별할 것 없는 소품의 특별한 변신
더스트백 쿠션

가방을 구입하면 얻을 수 있는 더스트백. 더스트백의 원단은 제법 좋아 버리기에는
아깝고, 더스트백에 새겨진 이 로고. 이 로고가 뭐라고! 포장재 역할만 하기에는 아
쉬운 생각에 조금 특별한 변신을 해주고 싶었다. 집에 굴러다니는 더스트백이 있다
면 쿠션 만들기를 추천한다.

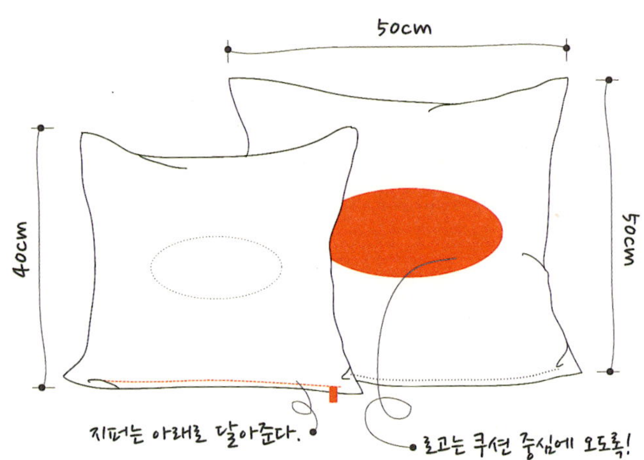

- 더스트백, 미싱, 연필 또는 초크, 자, 가위, 쿠션 솜
- 손바느질 경우 실과 바늘

HOW TO

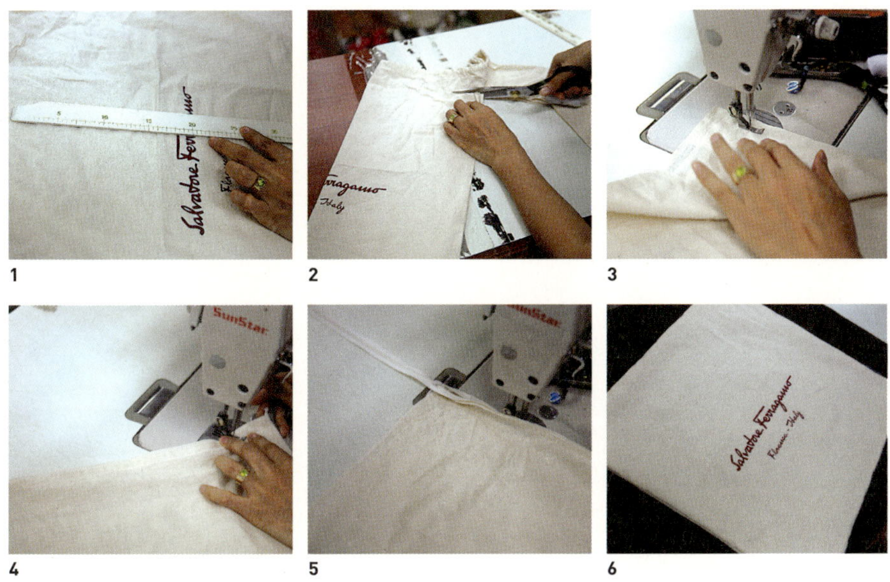

1 쿠션으로 만들고 싶은 더스트백을 쫙 펼쳐 놓은 뒤 로고가 중심에 오도록 하여 연필이나 초크를 이용해 원하는 사이즈를 체크한다. 이때 40×40cm 사이즈의 쿠션을 원한다면 시접 2cm씩을 더해 44cm 위치에 선을 긋는다.

2 사이즈를 체크한 선을 따라 가위로 원단을 제단한다. 정확하게 원단을 반으로 접었다면, 원단을 반으로 접어 제단을 하면 편리하다.

3 원단을 뒤집은 뒤 계산된 시접 위로 박음질을 한다. 이때 지퍼를 달 하단 부분은 박음질을 하지 않는다. 지퍼를 아래로 가게 제작해야 쿠션을 소파에 두었을 때 좀 더 깔끔하게 장식할 수 있다.

4 재단된 원단의 가장자리를 오버로크 처리한다.

5 쿠션 안쪽면을 맞대어 놓고 쿠션이 들어갈 아랫면을 뺀 세면을 박음질을 한다. 쿠션의 아랫면에 지퍼를 달아 마감한다.

6 원단을 뒤집어 쿠션을 넣으면 완성!

버릴 것이 하나도 없는 완소 아이템
코코넛 화분

마트에서 할인하는 코코넛을 1,180원에 구입! 평소 화분을
좋아하는 나를 위해 남편 라스케이가 나섰다. 동글동글한
코코넛은 주스로 즐기고, 과육은 피부에 양보한 다음 남은
껍질을 이용해 만드는 코코넛 화분. 코코넛 사이즈에 맞는
초록 식물만 있다면 더 없이 매력만점인 코코넛 화분을 만
들 수 있다. 각도에 따라 형태가 달라지는 천연 자연 소재
의 코코넛 화분. 바닥에 물 빠짐 구멍을 따로 두지 않아도
잘 자라서 더 탐나는 아이템이다.

HOW TO

1 코코넛에 구멍을 뚫어 주스를 마신다.

2 다 마신 코코넛을 깨뜨려 과육을 파낸다. 이때 과육을 잘 파내야 벌레 꼬임을 방지할 수 있다.

3 화초를 심어 예쁜 화분으로 완성한다!

다 마신 와인 병을 조명으로, 알뜰 아이템
와이니램프

의미 있는 날 마신 와인 병, 왠지 버리기 아깝다면? 예쁜 빈 병을 새롭게 변신시킬 수 있다. 병의 느낌에 따라 조명의 느낌이 확 달라지는 이 아이의 이름은 와이니램프. 와인 병과 잘 어울려서 와이니램프라는 예쁜 이름을 갖게 되었다. 책상 위에 데스크 용품으로 사용할 수도 있고, 침실에 두면 무드램프로도 활용이 가능하다. 어떠한 병이든 자신이 좋아하는 병에 꽂아두면 조명으로 기능이 더해지기 때문에 소장 가치가 있는 병에 의미를 더 담아주는 복덩이 같은 램프다. LED 조명이며, 처음 꽂은 병의 느낌이 식상할 때쯤 다른 모양의 병에 옮겨 꽂아도 좋고, 터치로 '켰다, 껐다'도 가능한 기능성 램프다. 또한 USB 방식으로 노트북이나 PC에서 사용 가능하며, 일반 어댑터를 끼면 일반 코드로 사용이 가능하다.

HOW TO

1 원하는 디자인의 빈 병을 깨끗하게 씻어 안에 물이 남지 않도록 완전하게 건조 시킨다.

2 와이니램프를 꽂으면 스탠드 완성!

거울 DIY

매장에 부서진 전신거울이 하나 있었다. 작업실에 있는 자투리 애쉬를 조각조각 거울
프레임에 붙여 완성. 우리 집 안방 캐비넷 위에 붙여 화장대 역할을 부여했다. 기존에
세로로 보던 전신거울을 안방에 가로로 두니 색다른 변신이 되었다.

• 거울, 마른 헝겊, 신문지, 자투리 애쉬, 인테리어 본드, 클램프

HOW TO

1 거울 프레임 부분에 먼지를 닦아낸다. 이때 거울 유리는 작업하면서 지문이 묻을 수 있으니, 작업 후 마지막에 닦는다.

2 자투리 애쉬를 임시로 프레임 위에 올려가면서 사이즈를 맞춰본다.

3 자투리들이 길게 튀어나오는 부분은 컷팅해준다.

4 애쉬를 안쪽부터 시작하며, 시계방향 또는 반시계방향으로 돌려가며 붙여주는데 다른 조각으로 직각을 맞춰서 붙이기 시작한다.

5 클램프(가구 DIY시 조이는 힘을 주는 기구)으로 거울과 조각이 잘 붙도록 30분 이상 고정해둔다.

6 안쪽 사방에 애쉬가 붙었으면, 바깥쪽도 사방으로 조각들을 붙인다.

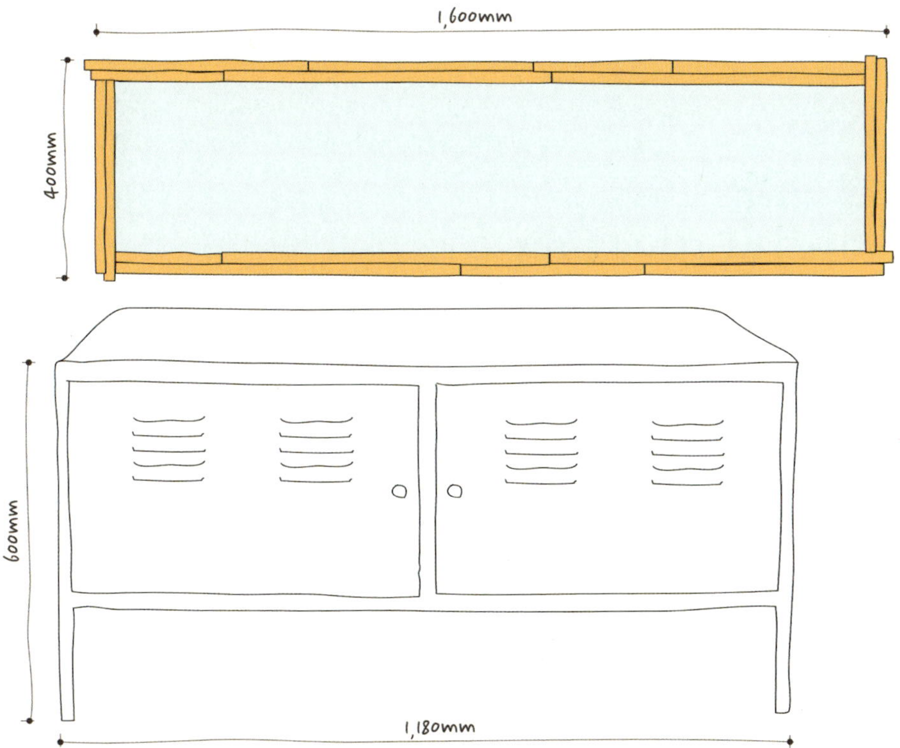

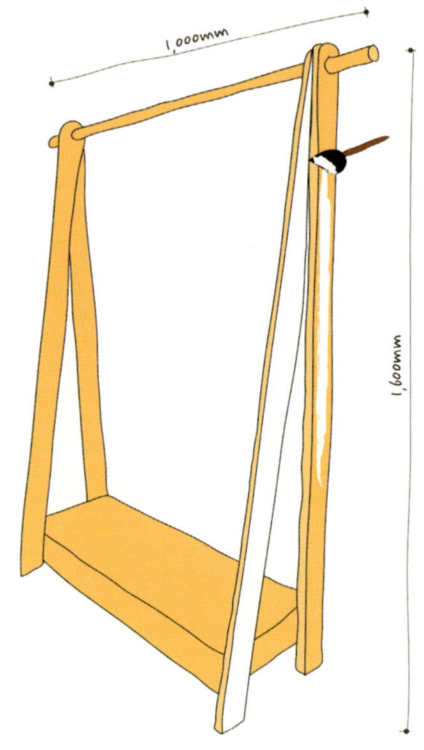

참 쉬운 침실 정리 도우미
버려진 행거 DIY

사실 나는 모르는 사람이 쓰던 물건을 재활용한다는 것에 대해 반감이 있던 사람이었다. 그러나 이 행거는 상태가 좋았을뿐더러 원목으로 튼튼하게 제작되어 있었고, 사이즈도 우리 안방에 두면 적합할 것 같았다. 그러나 너무 누~런 느낌의 원목이여서 화이트한 우리 안방에 어울리지 않았다. 결국 화이트 컬러의 우드 스테인을 바르기로 결정했다.

* 우드 스테인이란? 목재의 자연스러운 결을 살리면서 컬러를 입힐 수 있는 제품이다.

• 행거, 마른 헝겊, 사포, 우드 스테인, 스펀지 붓, 스테인 담을 그릇

HOW TO

1 크게 오염되어 있는 부분은 샌딩하여 갈아낸다.

2 전체적으로 먼지를 털어준다는 생각으로 마른 헝겊으로 닦아준다. 이때 닦고, 샌딩하면 나무 가루가 다시 묻어나니 샌딩 후 닦아내는 것이 좋다. 사포로 손질하고자 하는 부분을 손질해도 된다.

3 스테인을 칠하기 전에 행거 아래에 신문지를 깔거나, 기둥 아래에 받침을 세워둔다. 바닥에 흐르는 스테인은 빨리 닦으면 깨끗히 지워지니 신문지를 전체적으로 깔지 않아도 된다. 단, 옆에 휴지나 걸레를 두고 작업하자.

4 스테인을 흔들어준다.

5 우드 스테인을 초벌을 한다는 생각으로 전체적으로 1회를 바른다.

6 전체적으로 다 바르는동안 나무에 금방 흡수되었을 것이다. 온도나 습도에 따라 차이는 있으니 2회 바르기 전에 손으로 만져본 뒤 건조를 확인한다.

7 건조 후, 2회 스테인을 바르면 끝. 2회에 걸쳐 작업할 때에는 멀리서 보면서 덜 칠해진 부분이 있는지 체크해가며 부족한 부분을 채워준다는 느낌으로 칠한다.

1

2

5

PART 4

작은 집 테라피를 돕는 쇼핑

발품과 손품이 즐거워지는 핫 스폿

인테리어가 낯설고 어려운 이유 중에 하나는 어디서부터 시작해야 할지 모르기 때문이다. '어디에서 사야 할지' '무엇을 사야 할지' '가격은 저렴한지' 등 집을 꾸미기 전 그에 알맞은 재료들을 스마트하고 저렴하게 구입할 수 있는 장소와 방법에 대한 이야기는 대단한 팁이 아닐 수 없다.

꽃과 화초로 식물 테라피
남서울 화훼단지, 양재동 화훼단지

서울에서 접근성이 좋은 화훼단지를 선정해 봤다. 양재동 화훼단지는 가장 많이 알려져 있는 화훼단지이다. 남서울 화훼단지는 양재동 화훼단지처럼 비닐하우스들이 모여 있는 구조지만, 양재동보다 조금 저렴한 편이다. 다만 경기도에 위치해 있기 때문에 조금 멀다고 느낄 수 있다.

고속터미널의 꽃시장은 생화와 조화를 다양하게 만나볼 수 있는 곳이다. 고속터미널 3층과 고토goto라고 불리는 지하상가 두 군데에서 꽃을 팔고 있다.

모던하우스는 주변에서 가까운 킴스클럽에서 만나볼 수 있는 리빙브랜드이다. 인기 있는 화초들과 화분들이 저렴한 가격에 판매되고 있기 때문에, 다양하고 독특한 화초를 원하는 게 아니라면 모던하우스에서 구입하는 것도 추천하다.

LE JARDINIER
1885

아기자기한 소품 테라피
고속터미널, 모던하우스

고속터미널은 꽃을 제외하고도 다양한 리빙 소품을 판매하고 있다. 도매가에 가까운 가격으로 아기자기한 소품들을 구매할 수 있기 때문에 지름신을 주의하도록 하자.

모던하우스를 가면 시즌별 인테리어 트렌드를 한눈에 볼 수 있다. 가구, 소품, 그릇 등 다양한 품목이 판매되고 있으니, 홈스타일링 이미지가 필요하다면 아이쇼핑을 가보는 것도 도움이 된다.

KITCHENWARE
DINING ROOM

Modern House
CHRISTMAS

리포머들을 위한 쇼핑지
손잡이닷컴, 문고리닷컴, 철물점 – 황동철물

DIY 열풍이 불면서 리포머DIYer들을 위한 인터넷 쇼핑몰도 활발하게 생기고 있다.
손잡이닷컴은 리폼 어워드를 개최할 정도로 리폼에 대한 다양한 지원과 이벤트를
개최하여 초보 리포머들에게 유용한 정보를 함께 전달해 준다.
간단한 철물들은 동네 철물점에 방문해도 좋다(예, ㄱ자 철물 등). 하지만 다양한 철물
을 보고 싶다면 학동역에 있는 황동철물을 추천한다. 인테리어 및 전시 업체들도 자
주 방문하는 업체 중 한군데이다.

인터넷 쇼핑 정보
원하는 수종의 원목 판재를 원하는 사이즈로 재단해서 구매할 수 있다. 기본 재단은
물론 가공 처리도 다양하게 선택 가능하니 리포머 초보들도 DIY에 좀 더 쉽게 접근
할 수 있다.
그 외에 철재 및 타일 등 기타 부자재들도 판매하고 있으니, 해외 사이트에서 영감
을 받고 무언가 만들고 싶다면 우선 이 4개의 사이트들을 둘러보자. 리포머들에게
필요한 재료들을 품목별로 갖추고 있기 때문에 필요한 이 4개의 사이트들만 검색해
봐도 필요한 재료를 구입할 수 있을 것이다. 각 사이트별로 취급하는 품목도 다르
며, 단가도 조금씩 차이가 있으니 온라인 발품을 파는 건 필수!

손잡이닷컴

http://www.sonjabee.com

DIY에 관심 있는 사람들이라면 가장 많이 들어본 사이트일 것이다. 회사명 그대로 손잡이만으로 온라인에 샵을 열었다가 현재는 가구 DIY는 물론 셀프 인테리어에 필요한 다양한 제품들을 소개하고 있다. 목재의 가지 수도 많으며 리포머들이 직접 만든 작품들 업데이트가 많아서 초보자들도 따라 할 수 있는 예시를 많이 보여주고 있다.

문고리닷컴

http://www.moongori.com/

손잡이닷컴과 함께 많이 알려져 있는 문고리닷컴. 문고리닷컴에서 운영하는 작업실을 이용할 수 있기 때문에 집에서 작업할 여건이 안 되는 리포머들에게는 유용하다. 작업실은 경기도 안산에 위치해 있기 때문에 이 근처에 살고 있는 리포머들은 직접 가서 현장에 있는 직원에게 도움을 받을 수도 있다.

철천지

http://www.77g.com

최초의 인터넷 철물점이라는 테마를 가진 철천지는 정말 말 그대로 철물점 느낌이 물씬 풍긴다. 손잡이닷컴이나 문고리닷컴은 리포머들에게 디자인에 관련된 제안이나 리폼 작가를 선별해두어 보고 따라 할 수 있도록 소소한 이야기를 함께 담아두었다면, 철천지는 말 그대로 집 수리, 가구 제작을 위해 필요한 재료들을 중심으로 사이트가 구성되어 있다. 그만큼 목재에 대한 종류도 다양하며, 비교적 저렴한 목재들도 찾을 수 있다.

THE DIY

http://www.thediy.co.kr

THE DIY에서도 최근 작가들을 선발하면서 다양한 DIY 제품들을 선보이려고 하고 있다. 이곳의 특징은 목재를 재단만 해주는 것이 아니라 엣지면에 대한 라우터가공, 뒷판 홈따기, 도브테일 등 초보자들에게는 어려운 기술이거나 추가적인 도구가 없으면 하기 어려운 가공들도 다양하게 선택할 수 있다.

셀프 페인팅을 위한 페인트샵
던-에드워드

전셋집에는 벽지보다 페인트가 가격대비 좋다. 저가의 종이 벽지를 바를 경우에 새로 도배하니만 못한 경우가 많으며, 초보자들에게 어려운 작업이 될 수 있기 때문에 도배사를 불러서 해야 하는 번거로움이 있다. 반면 페인트는 셀프로 진행할 수 있기 때문에 인건비 부분에 있어서 비용을 절감 할 수 있으며, 싫증이 나면 언제든지 손쉽게 컬러를 바꿀 수 있다는 장점이 있다.

던-에드워드는 과천에 본사를 두고 있는 수입 페인트이다. 친환경 인증을 받은 유럽 페인트이며, 색감이 뛰어나고 발림성이 좋아 최근 많은 사랑을 받고 있다. 방문 시 초보자들에게 페인트 칠하는 방법이나 리폼에 대한 많은 정보를 얻을 수 있다.

던-에드워드 http://www.jeswood.com

new
Interior
Dunn-Edwards
PAINTS
EVEREST
Ultra Premium
Interior Semi-Gloss Paint
Zero VOC :: Self Priming :: Lifetime Warranty
50 | Semi-Gloss
EVER50-0-L Tintable White
3.89 qt (3.68 L)

BONUS TIPS

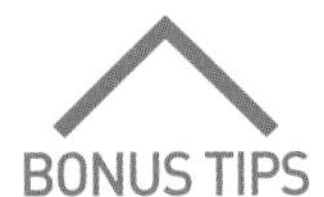

작은 집 테파리를 위한 고급 정보

더 특별한 노하우

파워포인트로 우리 집 그리기

파워포인트 프로그램만 있으면, 전문가 못지 않게 도면을 깔끔하게 그려 집안 꾸미기를 할 수 있다.
기본 기능만으로 각 방의 위치, 가구의 배치까지 가능한 도면 그리기에 도전해 보자.

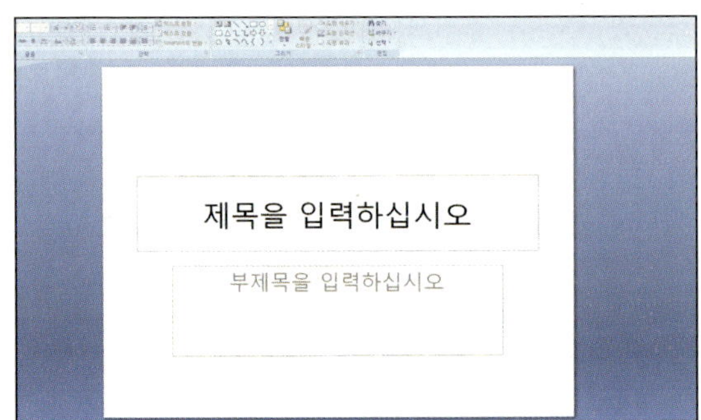

1 파워포인트를 연다.

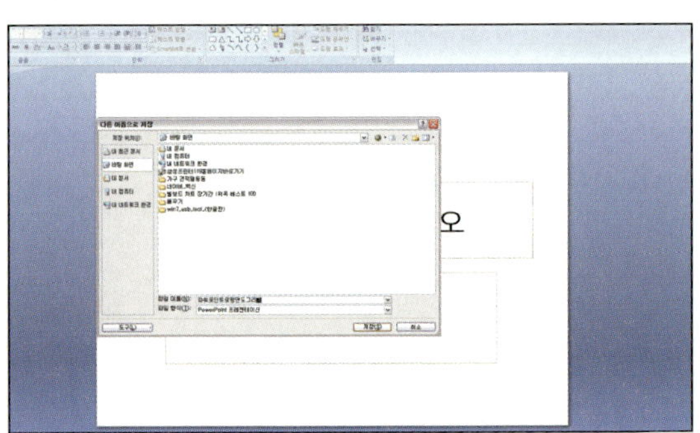

2 저장버튼을 눌러 새 이름을 작성한다. 예를 들어 파워포인트로 평면도 그리기. 여기서 팁, 처음 파일을 열었을 때 저장을 해둔 뒤, 작업 중간중간 저장버튼을 누르거나, 단축키 (Ctrl+S)를 눌러 작업을 저장해 주는 게 좋다.

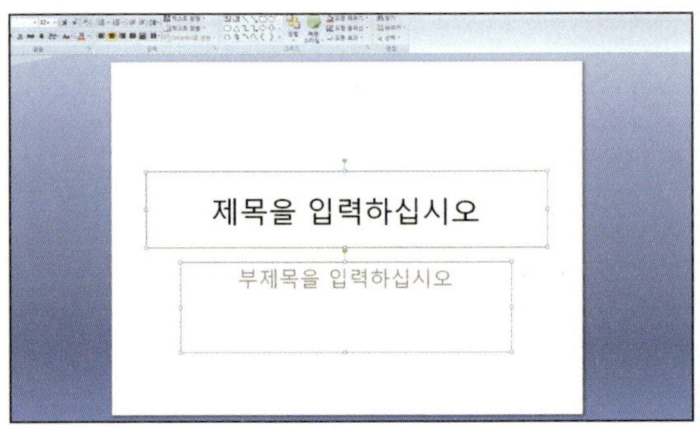

3 단축키(Ctrl+A)를 누른 뒤 컴퓨터 자판 DEL 을 눌러 화면을 깨끗하게 백지화시킨다. 여기 서의 팁, 단축키(Ctrl+A)는 전체 선택.

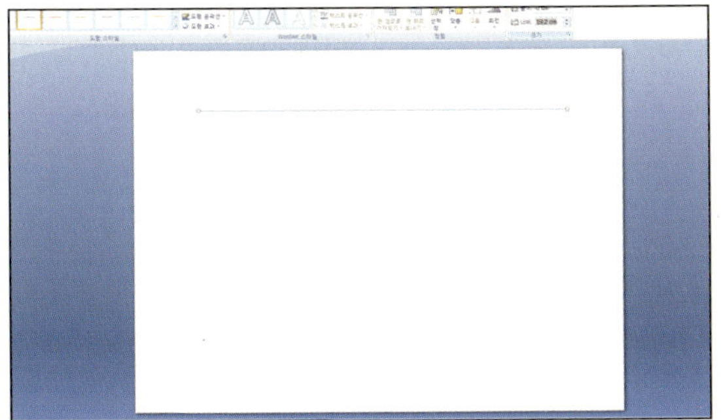

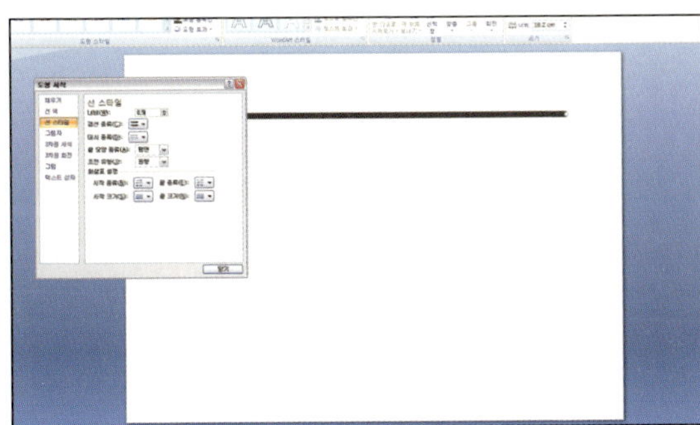

4 홈 메뉴에 도형 중 라인(일자선)을 클릭한 후, 화면 위 오른쪽에서 왼쪽으로 드래그를 하면서 임의적으로 선을 긋는다. 팁, 왼쪽에서 오른쪽도 무관하나 대다수의 사람들은 그림을 그릴 때 오른쪽에서 왼쪽으로 선을 긋는다. 이때, Sift 키를 누르면 직선으로 그어진다.

5 선을 더블클릭하면, 메뉴의 오른쪽 상단에 높이, 넓이를 입력하는 창이 나온다. 그곳에 높이는 그대로 0으로 두고 넓이만 자신이 원하는 치수로 기입을 하면 된다.

** 치수의 개념 알고가기! 파워포인트상으로는 10평형대 실내 공간은 1/500의 축척이 가장 적합하다. 우리의 경우 각 방별로 띄엄 띄엄 잰 가로의 합계를 내보니 9,600mm였다. 1/500의 축척이므로 9,600×0.002를 하면 19.2를 입력하면 가로 폭이 되는 것이다.

9600mm라는 치수는 맨 오른쪽부터 베란다 710mm+안방, 3700mm+화장실, 960mm+주방1, 2130mm+주방2, 1200mm에다가 그 사이에 벽들이 4개, 양 옆 외벽 2개 총 6개의 벽을 150mm로 계산하여 합하였다. 가정집 내부 벽은 보통 150~250mm인데 편의상 150mm로 모두 계산하였다. 그리고 파워포인트에서 선 두께의 단위는 pt인데 1pt당 0.35mm이므로 8.5pt의 두께로 그리면 150mm두께의 벽이라 볼 수 있다.

사실 화장실의 폭은 조금 더 넓으나, 화장실은 따로 폭을 재지 않고, 화장실과 주방을 마주보고 있는 벽면만 측정한 뒤 주방 공간을 뺀 치수이다. 그 공간에 가구를 배치하거나 시공을 하기 위해 자재를 계산해야 하지 않는다면 이런 식으로 비례감만 맞춰 그림을 그려도 무관하다.

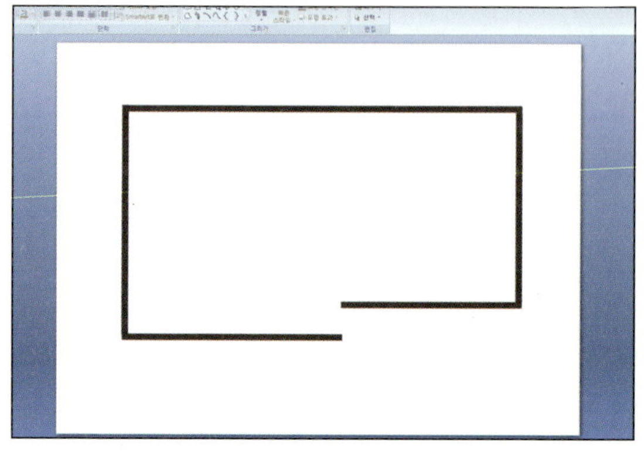

6 가로선의 가장 긴 부분을 그었다면, 세로선을 비롯하여 나머지 외곽선을 그려준다. 세로선은 위에서 아래로 그은 뒤 선을 더블클릭하여 높이를 쓰는 여백에 치수를 적는다. 이때 두 선은 맞닿아 있지 않다면, 화살표 커서로 이동해가며 선을 맞출 수 있다. 팁, Alt 키를 누르면서 커서를 이동하면 조금 더 섬세하게 움직인다.

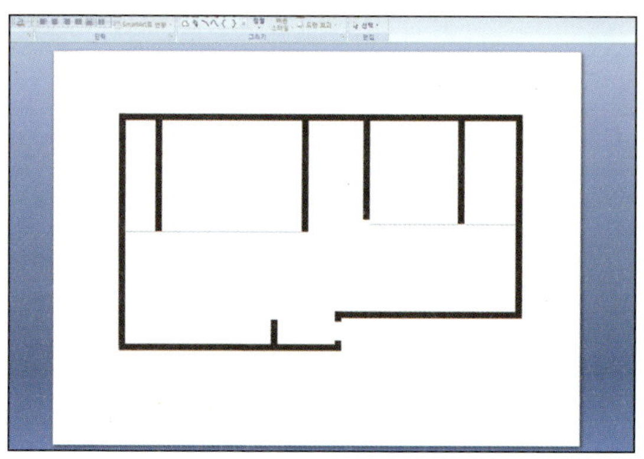

7 전체 외곽라인을 다 그렸다면, 방을 나눠주는 벽들을 세워보도록 한다. 방 안에서 치수를 쟀기 때문에 방안의 가로에 해당되는 선을 보조선의 개념으로 그어둔 뒤 그 사이에 두꺼운 선으로 벽을 표현해 본다. 이때 팁, 선을 클릭한 뒤 Alt 키와 함께 이동하면 선이 복사된다. 그럼 벽이 길이만 수정해주면 여러 벽을 그려야 할 때 선을 새로 그리고 두께를 새로 지정해주지 않아도 된다.

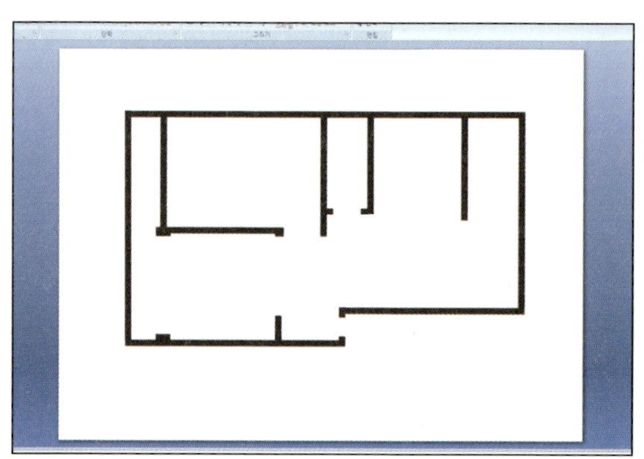

8 세로의 벽들이 끝났다면 가로의 벽들과 기둥들을 그린다. 기둥을 그릴 때는 도형 그리기에서 사각형을 그려 표현해 주어도 좋다. 팁, 벽과 기둥이 완성되었다면, 단축키(Ctrl+A)를 눌러 전체 선택한 뒤 단축키(Ctrl+G)를 눌러 그룹을 시켜두면, 추후 바닥이나 창문 등을 그리며 그림의 순서들을 정리하기 편해진다.

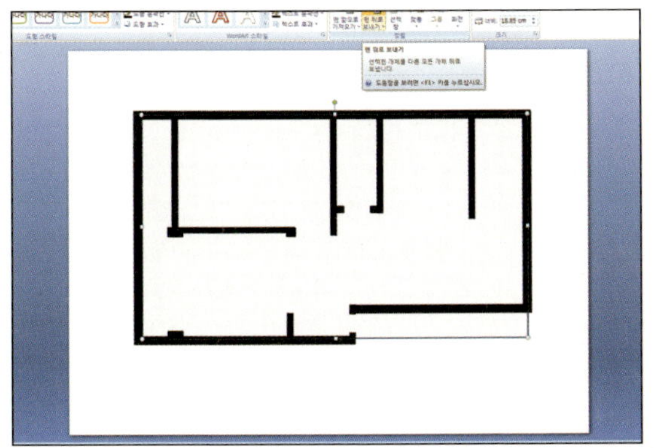

9 벽과 기둥을 완성한 후에는 두꺼운 선들 위로 사각형을 그린다. 더블클릭해서 도형 채우기에서 원하는 색상으로 바꿔준 뒤, 상단에 있는 맨 뒤로 보내기를 클릭해서 먼저 그려둔 벽과 기둥보다 뒤로 가도록 순서를 바꿔준다. 이때 오른쪽 마우스를 클릭해도 이 기능을 찾을 수 있다.

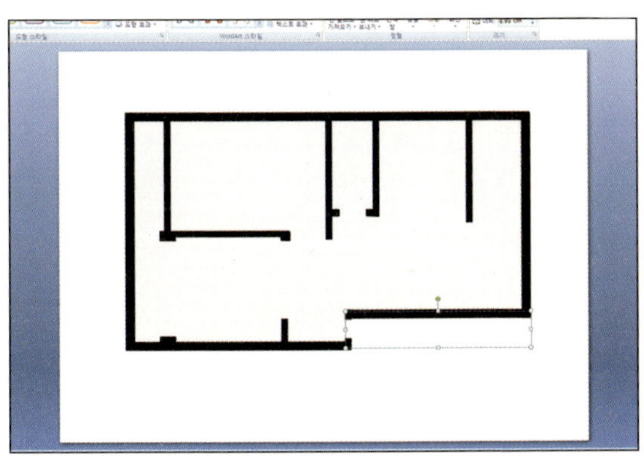

10 대부분의 집들은 정사각형이 아니기 때문에 집에 해당하지 않는 바닥 부분은 사각형을 그려 흰색으로 칠한 뒤 가려주면 깔끔해진다. 이 때 다시 한 번 순서 바꾸기를 눌러서 벽+기둥이 맨 위로 올라오도록 정렬해준다.

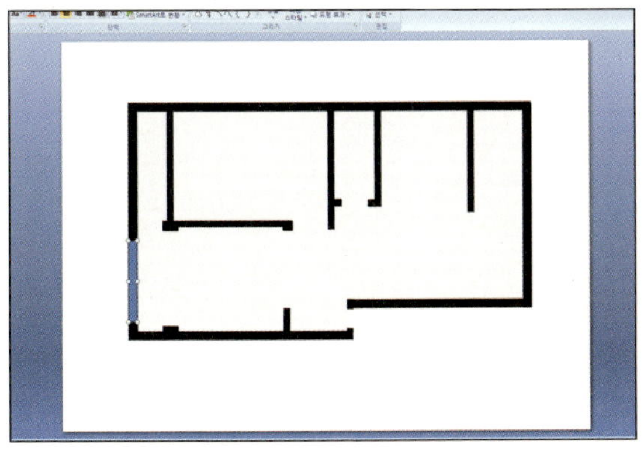

11 이제 집의 창문이 어디인지 체크해두면, 이사 전이나 방 배치를 바꿀 때 도움이 된다. 방 크기만 생각하고 빼곡하게 가구를 넣어두고는 이사할 때 창문을 큰 가구로 막는 불상사를 막기 위해서이다.

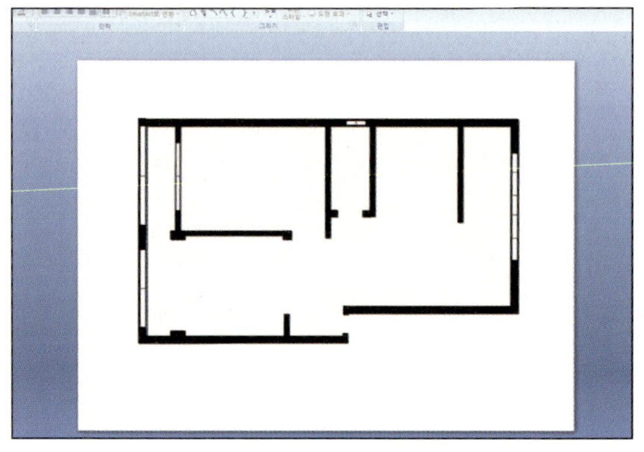

12 두꺼운 외부 벽면 위에 사각형을 그리고 흰색으로 바꿔 창문인지 알아 볼 수 있도록 한다. 이때 자신만 알아보면 되니 굳이 자세히 그릴 필요는 없다. 내 경우 처음에는 외벽과 내부 벽들을 모두 8.5pt로 그렸는데 창문을 그리기 전 외부 벽들은 12pt로 더 두껍게 해 주었다. 외부 벽은 더 두꺼우니 미리 계산해 두면 더 좋고, 계산이 귀찮으면 전부 8.5pt로 해도 된다. 이건 우리 집을 위한 나만의 평면도일 테니 말이다.

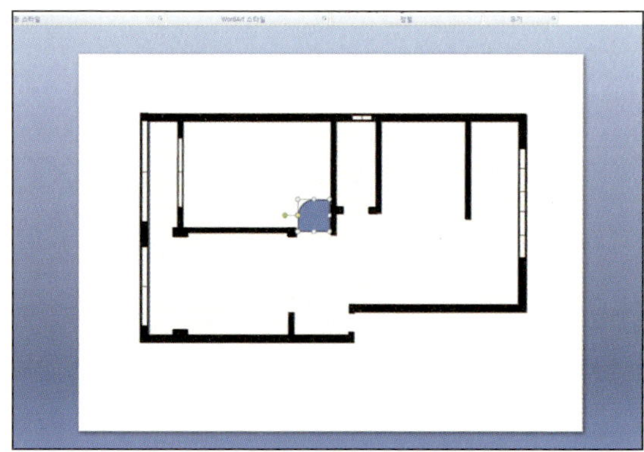

13 각 방에 문이 열리는 방향과 문의 폭을 체크해서 한쪽 면이 둥근 사각형으로 문을 그린다. 문은 열리는 방향을 알아두면 가구 배치에 도움이 된다.

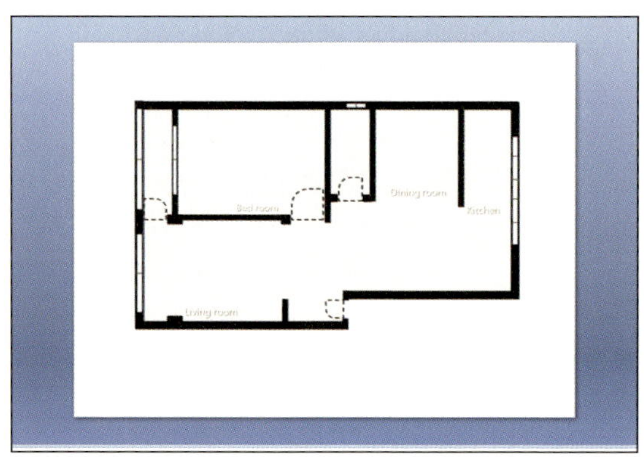

14 제 각 방별로 자신이 사용하고자 하는 용도로 이름을 적어본다. 어떻게 그 공간을 쓸 것인지 정하는 것이 중요하다.

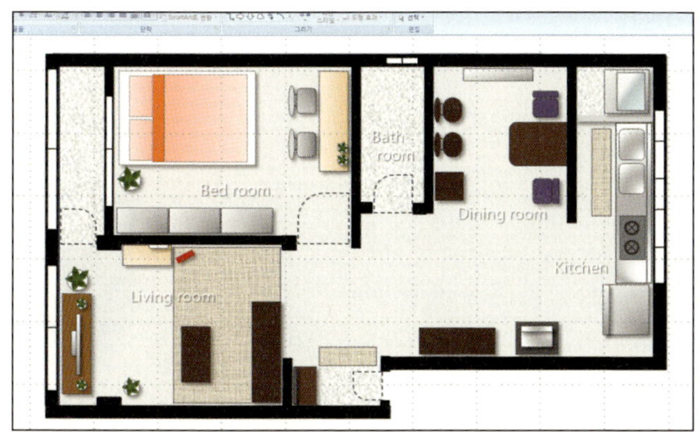

15 집을 채울 가구와 가전들을 사이즈에 맞게 도형으로 그려본다. 다소 딱딱해 보일지라도 그냥 사각형들로만 그려도 가구 배치에는 크게 도움이 될 것이다. 또한 기본 컬러링 정도를 해 보면 느낌을 알아볼 수도 있다.

알면 더 건강해지는
가구와 원목 이야기

사람이 사는 집, 그곳을 채우는 것은, 가구와 가전이다. 기능이 우선시 되는 가구와 가전은 이제 어떤 것을 선택하느냐에 따라 집안의 분위기가 크게 결정된다. 특히 가구는 어떤 제품을 사용하느냐에 따라 거주자의 건강을 결정 짓기도 한다. 그렇기에 우리는 가구의 소재를 좀 더 자세히 알아볼 필요가 있다.

가구를 만드는 대표적인 소재로는 원목, 중밀도 섬유 판재 MDF Medium Density Fiber board, 재활용 소재로 불리는 PB Particle Board 등 다양한 소재로 가공된다. 우선 MDF와 PB에 대해서 알아보자.

대부분의 대형 가구 회사들과 주방 가구 회사, 중소 기업에서는 주로 MDF를 사용한다. 중밀도 섬유 판재로 불리는 MDF는 목재를 가공하고 남은 톱밥 나무 토막 등을 곱게 갈아 본드로 압축한 판이라고 보면 된다. 파티클 보드도 같은 개념인데 파티클 보드의 중심부는 좀 더 거친 톱밥으로 되어 있다. 당연히 좀 더 단가가 싸다. 주로 싱크대, 문 제작 등에 사용된다.

MDF와 PB의 가공 방법은 같다. 굳이 비교하자면 MDF가 조금 더 튼튼한 정도이다. 요즘 화두는 당연히 친환경 제품일 것이다. 그러면 한 번 생각해 보자. 가끔 '친환경 MDF'라는 문구와 만나게 된다.

MDF의 등급은 포름알데히드 기준으로 나뉘어져 있고 E2부터 E1, E0 등급까지 나뉘어져 있다. E2가 포름알데히드가 가장 많이 나오고 E0가 가장 적게 나오는 등급이다. 우리가 흔히 홍보 문구에서 만나는 친환경 MDF는 바로 E0, E1등급 자재를 쓴다고 볼 수 있다. 그러나 이것은 말이 안 되는 말이다.

앞에서도 간략히 말했듯이 MDF는 본드로 압축해서 만들기 때문에 태생적으로 친환경 제품이 아니다. 아무리 적은 양을 사용한다고 주장을 해도 그렇게 만든 가구에서는 포름알데히드가 일정 기간 계속 방출된다. 즉 MDF로 마감을 하지 않고는 쓸 수 없다. MDF판 위에 LPM(마감을 위한 시트지의 일종), HPM, 시트지 무늬목 등 질감을 내주는 필름을 붙이지 않고서는 가구를 만들 수 없기 때문이다. 이런 필름들을 붙이기 위해서는 필수적으로 본드를 써야 한다. MDF가 친환경이라고 가정을 한다 해도 그 위에 본드를 붙이는 공정이 들어갈 수밖에 없기 때문에 지속적으로 포름알데히드가 방출 될 수 밖에 없다.

집에 새 가구가 들어왔을 때 눈이 따갑고 냄새가 나는 것은 이 때문이다. 가구 AS센터에 문의를 해도 환기를 자주 시키라는 말 밖에는 들을 수 없을 것이다. 회사에서도 어떤 방법이 없기 때문이다. 포름알데히드가 빠질 때까지 1년이고 2년이고 기다릴 수 밖에는 없다.

왜 원목 가구인가

비슷한 크기와 디자인, 색상의 테이블의 상품 두 개가 있다. MDF로 만든 테이블은 30만 원, 원목으로 만든 테이블이 60만 원 이라고 생각해 보자. 소비자 입장에서는 당연히 비슷한 크기와 디자인이라면 30만 원짜리 상품을 선택할 거라 생각된다.

그러나 개인적으로는 후자를 선택하고자 한다. 물론 원목 가구는 어느 정도 가격대가 있지만 가격대비 상품에 질적인 부분을 따진다면 후자 선택도 생각해 볼 만함을 권하고 싶다.

이제는 원목에 대해 자세히 알아보자. 원목은 하드 우드와 소프트 우드가 있다. 풀어서 얘기하자면 단단한 나무와 부드러운 나무가 있다는 것. 보통 하드 우드가 결이 예쁘고 단단하며 고급 재료가 사용된다. 물론 가격도 높아진다. 하드 우드와 소프트 우드 중 가장 대표적인 몇 가지 수종과 특징을 알아보자.

고급스런 하드 우드 알아보기

월넛 _ 호두나무

월넛의 경우 가끔 가구의 색으로 알고 있기도 하지만 월넛은 호두나무를 말하는 것이다. 진하고 검붉은 색을 띄며 색과 결이 고급스럽다. 영국 앤티크 가구에도 많이 사용 되었고 현재 모던한 고급 가구에도 많이 사용되는 수종이다. 워낙 인기가 많은 나무로 MDF 판 위에 월넛 무늬목 시트지나 월넛 무늬목으로 생산되어 나오고 있다. 국내에 수입되는 월넛 소재의 가구는 대부분 북미산이다.

오크 _ 참나무

결이 촘촘하고 색상이 밝아 고급 가구에 많이 사용된다. 오크는 레드 오크, 화이트 오크로 나뉜다. 이름 그대로 레드 오크는 약간의 붉은 빛을 띤다. 오크는 고급 가구재로 유럽과 미국 등 대부분의 나라에서 고급 가구재로 사용 되며 국내에서 제작 되는 오크 가구는 대부분이 북미산이다.

애쉬 _ 물푸레나무

오크와 마찬가지로 결이 촘촘하며 오크보다는 좀 더 밝은 색상을 가지고 있다. 브라운 애쉬와 화이드 애쉬가 있으며 주로 러시아와 중국 등에서 집성목으로 수입 되어지고 있다. 월넛이나 오크보다는 저가이지만 결이 아름답고 단단한 내구성 때문에 국내에서 널리 사용된다.

대중적인 소프트 우드 알아보기

스프러스 _ 소나무 계열 목재

대중적으로 쓰이는 소나무 계열 목재 중 하나인 스프러스는 열대 지방에서 자라난 소나무 과의 나무이다. 스프러스는 색상이 밝고 아주 작은 옹이들이 있지만 눈에 거슬릴 정도는 아니며 가공성이 좋다.

라디에타 파인 _ 따뜻한 나라에서 자라는 소나무 계열

라디에타는 레드 파인과 반대로 온대지방 많은 나라에서 자라는 소나무 계열. 칠레, 뉴질랜드, 오스트레일리아 등 많은 나라에서 자라고 있다. 옹이가 거의 없고 색상이 밝으며 결이 길게 뻗어 있어 미관상 좋다.

삼나무 _부드러운 질감의 재료

삼나무는 목재가 적갈색이고 손톱으로 누르면 들어갈 정도로 부드럽다. 소나무에 비해 작은 옹이가 상당히 많고 서랍재로 많이 쓰인다.

레드 파인 _ 추운 나라에서 자라는 소나무 계열

레드 파인은 러시아, 핀란드 등 북반구 추운 지방에서 자라나는 소나무이다. 소나무 계열 중에서 가장 변형이 적고 단단하다. 노르스름한 목재에 약간의 붉은 나이테와 결이 있으며 옹이가 있다. 결이 거칠어 빈티지 칠을 하면 멋스러운 재료다.

가구를 디자인하는 라스제이 & 만드는 라스케이가 말하는 테라피

집을 구하고 수리하는 것만큼 고민이 되는 것이 가구를 선택하는 일이다. 잡지, 방송, 인터넷 등 자료를 찾아보면 참 예쁜 가구도 많고 고급스러운 가구도 많지만 이런 가구를 어디 가야 살수 있는지 막막하다. 막상 가구를 찾는다 해도 생각보다 부담스러운 가격에 놀라게 되는 경우가 많다. 이제부터 공간까지 힐링 시키는 방법에 대해 알아보자.

첫 번째. 자신이 원하는 '공간의 감정'을 읽어내라.

가구를 사야겠다고 생각은 막상 사려고만 하면 참 막막하다. 사실 막막함을 느낀다는 것은 공간을 어떻게 사용할지에 대해 결정하지 못했기 때문이다. 우선은 자신이 어떤 공간을 원하는지 결정해야 한다. 공간을 꾸밀 때 중요하게 생각해야 하는 요소는 감정이다. 자신이 어떤 공간에 있을 때 가장 편안하고 휴식을 취하고 있다는 생각이 드는지 천천히 생각을 해봐야 한다. 이런 감정들은 모두 차이가 있다. 그리고 공간과 소통을 한 다음 원하는 이미지를 구체적으로 찾아 보는 것이 다음 단계다. 공간에 대한 이미지를 찾을 때, 각 공간별로 소스를 수집하면 더욱 좋다. 꼭 모든 공간이 통일된 이미지로만 되야 한다는 생각보다 거실, 주방, 안방 등 각 공간별로 자신이 원하는 이미지를 모아두면 좋다.

두번째. '온라인 발품'을 팔되, 정보에 대해 꼼꼼히 읽어보라.

다양한 이미지들을 찾았다면 이제 이런 이미지의 가구와 소품들을 찾아 나설 차례. 잡지에서 찾은 가구와 소품들은 브랜드와 대략적인 가격이 기재되어 있을 것. 하지만 해외 자료에서 모은 가구 정보의 경우 우리나라에 없는 브랜드일 경우도 있다. 이럴 때 필요한 것이 '온라인 손품'이다. 그러나 온라인의 경우 가구 정보에 대해 꼼꼼하게 따져 봐야 한다. 특히 사이즈와 소재는 더욱 꼼꼼하게 살펴봐야 함을 강조하고 싶다.

세번째. 안목을 키워 실패율이 적은 구매를 하라.

이제부터 가구와 소품을 보는 안목에 대해 알아 보자. 안목을 키우는 방법은 의외로 간단하다. 인테리어와 소품들에 관심을 갖고 많이 보고 브랜드를 알아가며 직접 구경을 다녀야 한다. 인터넷 상에 떠있는 사진들을 보면 아주 멋진 것들이 많다. 하지만 막상 집에 들여놓으면 고급스럽지 않거나 사이즈가 맞지 않는다던가 인터넷과 소재가 상이하고 색상이 다른 경우가 많다. 예를 들어 다리가 높아 시원하게 보이던 텔레비전 장을 집에 두어보니 텔레비전과 인터넷 모뎀 선 등 다양한 가전제품 선들이 가구 하단에 지나다니는 것이 전부 노출되어 눈에 더 거슬리게 될 수도 있다. 결국 안목을 키우는 답은 손품으로 찾고, 발품으로 직접 눈으로 보는 것이다.

사람과 공간을 살리는
식물 테라피

작은 집에 어울리는 식물과 함께 우리의 몸과 마음을 치유해 보자. 집안에 생기를 불어넣어주는 식물, 나는 이것을 '초록이'라 부른다. 식물은 지친 우리들의 몸과 마음을 테라피 해주는 최고의 인테리어 소품이다. 사실 식물에 대해 깊은 지식이 없던 나였지만, 주부가 되고 난 뒤 집을 좀 더 쾌적하고 예쁘게 꾸미고 싶다는 생각에 하나 둘씩 화분을 사게 되었다. 그리고 살 때마다 꽃집에서 초록이들에 대한 정보를 귀동냥하거나 인터넷에서 식물에 대한 정보를 검색해보면서 조금씩 초록이들에 대해 알게 되었다.

주방 식물 테라피!
유해가스를 흡수해 주는 식물 : 스킨답서스

첫 번째 신혼집 그리고 두 번째 신혼집 두 집 다 스킨답서스는 주방에 두었다. 우리 집 스킨답서스는 좀 더 밝은 컬러의 라임 스킨답서스. 주방에 초록이를 두면 싱그러움을 주기 때문에 주방에 식물 하나를 두고 싶다는 생각으로 라임 스킨답서스를 주방에 두게 되었다. 이 아이는 결혼하면서 친한 언니가 수경재배로 키워보라며 분양해 주었는데, 식물이 크기 어려운 조건이였던 첫 번째 집에서 가장 잘 자라준 아이이기도 하다. 그만큼 초보자들도 키우기 쉬운 품종인 것 같다. 특히 스킨답서스는 일산화탄소와 이산화황, 이산화질소 등 주방에서 발생하는 유해가스를 흡수해준다고 한다. 그래서 주방에 두면 주부의 건강을 지키는 데에도 도움을 주는 아이라는 사실! 이 정보까지 알게 된 다음에는 줄곧 라임 스킨답서스가 우리 집 주방을 지키고 있다. 스킨답서스 외에도 아펠란드라, 아이비, 산호수, 허브류 등이 주방에 두면 좋은 식물이다. 1평(3.3m²)당 1개 정도 주방에 두면 좋으니 주방 테라피의 한 방법으로 기억해 보자!

침실 식물 테라피!
밤에 광합성을 하는 식물 : 다육이

침실은 밤에 우리가 잠을 자는 목적이 가장 크기 때문에 밤에 광합성을 하는 특징을 가진 식물이 가장 적합하다. 특히나 대부분의 식물들은 밤에 이산화탄소를 배출하기 때문에 이왕이면 침실은 밤에 숙면을 광합성을 하는 식물을 두는 것이 좋다. 다육이! 다육식물들은 밤에 기공을 열어 산소를 내뿜어주고, 이산화탄소와 유해물질을 흡수하기 때문에 밤에 공기정화 기능을 더욱 더 발휘하는 식물이다.

애플민트 _ 예전에 고객 별장에 놀러갔었는데 애플민트를 뜯어 주셨다. 애플민트는 은은하게 사과향도 나는지라 아로마테라피 효과로 스트레스를 억제해주는 효과가 있기때문에 침실에 두어도 좋은 허브이다. 다육이외에도 산세베리아나 호접란 등이 밤에 광합성을 하기 때문에 침실에 두면 좋은 식물이다.

거실 식물 테라피!

미세먼지 흡수는 물론 공기청정에 효과 좋은 식물 :
뱅갈고무나무, 인도고무나무, 마리안느

뱅갈고무나무는 미세먼지 흡수는 물론 새집증후군에서 유발하는 포름알데히드를 제거해주는 실내 공기정화 식물로 유명한 식물이다. 색상 또한 연두빛의 싱그러운 잎을 가지고 있기 때문에 보고 있으면 작은 숲 속에 와있는 기분까지 들어 내가 가장 좋아하는 화분 중 하나. 특히나 이 화분은 예전에 꽃집을 했었던 엄마가 직접 골라서 사준 식물이라 더욱 더 애정이 가는 아이이다. 요즘 미세먼지로 우리의 건강이 위협받고 있는데, 작은 집 테라피를 위해서는 꼭 필요한 식물인 셈. 관리도 쉽고 생명력이 강하기 때문에 큰 화분을 키우기에 관리가 어려울까봐 부담을 갖는 분들께 추천해본다.

또한 넓고 큰 잎을 가진 인도고무나무 역시도 공기청정 효과에 좋은 식물이다. 결혼 때 선물 받은 마리안느. 이 아이는 우리 집에서 가장 오래된 식물이다. 라스케이가 화분을 깨뜨린적이 있어서 나름 역경을 딛어내고도 살아난 생명력 강한 식물. 공기 정화 효과는 물론 실내 습도 조절에도 도움을 주는 아이지만, 독성이 있는 식물이므로 직접 만지는 것은 위험하다고 한다. 그냥 스치듯 만지는 것은 별 문제가 없었지만, 아이나 애완동물이 있는 집에서는 조심해야 하는 식물이라고 한다.

그 밖에 현관에 식물을 두는 것은 풍수 인테리어의 관점에서도 좋다고 한다. 현관에 있는 나쁜 기운을 식물이 중화시켜주기 때문이다. 첫 번째 집에서는 신발장 위에 그늘에서도 잘 자라는 다육이들을 두었고, 두 번째 집에서는 신발장이 붙박이로 되어 있기 때문에 옆면에 벽걸이형으로 두고 있다. 특히나 지금 집에서 아래에 부분에는 장미허브를 걸어두어 현관을 나설 때 한번씩 톡, 건드려 주면 매력적인 향기가 나서 아주 마음에 든다.

고맙습니다

라스케이가 말하다

부모님께서 수입 가구점을 운영하고 계십니다. 그러다 보니 자연스럽게 나무를 만지고 가구와 어울리며 자랐습니다. 최고급 타운 하우스부터 작은 빌라까지 다양한 공간을 보고 만약 나라면 한정된 예산에서 어떻게 공간을 꾸밀 수 있을까? 항상 생각하고 고민해 왔습니다.

인생 속에서 만나게 되는 공간들. 그 공간들을 어떻게 꾸미면 맞을까요? 사실 답이 없기에 더욱 고민이 되는 물음일 겁니다. 그래서 감히 그 어려운 질문에 답을 제시하려 합니다. 벽지부터 소품 하나까지 많은 고민 속에서 선택하게 되는 공간 인테리어의 길라잡이가 되고 싶다는 생각을 이 책에 담고자 했습니다.

이 책을 읽어 주시는 분들이 집을 꾸미는데 있어 고민을 덜고 자신만의 스타일로 공간을 꾸미는데 작은 도움이라도 되었으면 좋겠습니다.

라스제이가 말하다

제품디자인과 공간디자인을 전공한 저는 도시/공공디자인 분야의 실무를 경험하였습니다. 집안에서 쓰는 가구가 아닌 실외 공간의 시설물 street furniture 들을 디자인하고 설계해 왔던 제가 신랑을 만나, 우리 부부만이 사용하는 실내 공간, 우리의 첫 신혼집에 대해 많은 고민을 하게 되었습니다.

제가 원하는 그리고 우리에게 필요한 가구와 소품들을 제작해주는 든든한 신랑 덕에 정말 우리 둘의 손으로 다듬은 신혼집을 갖게 되었습니다.

앞으로 가족 구성원이 더 늘어나고, 라이프스타일도 조금씩 변화되면서 '우리의 집도 우리를 닮아가겠지?' 라는 행복한 상상을 해보곤 합니다. 앞으로도 우리를 닮은 집에서 행복한 이야기를 채워나가는 삶이 되기를 바래봅니다. 늘 저희 부부를 예쁘게 지켜봐 주시고 응원해 주시는 가족들 그리고 지인분들 모두 감사드리며 앞으로도 좋은 이야기를 들려드리는 디자이너 부부가 되도록 노력하겠습니다.

THANKS TO

결혼과 동시에 무턱대고 '어반트리브' 라는 브랜드를 만들었습니다. 브랜드를 만들고 차츰차츰 키워가는 저희를 믿어주시고 지켜봐 주시는 부모님들께 감사드립니다. 또한 부족함이 많은 저희를 항상 응원해주는 가족들에게 고맙습니다.

저희 부부에게 많은 가르침을 주신 교수님들께도 감사의 인사를 드립니다. 교수님들의 가르침에 저희 부부가 디자인에 대한 신념을 갖게 되고 즐기는 것을 일로 하고, 일하는 것을 즐기며 살고 있습니다.

또한 던-에드워드, 탄젠시, 일렉트로룩스 등 저희 부부에게 많은 지원을 해주시는 업체분들께도 진심으로 감사의 마음을 전합니다.

마지막으로 예쁜 마음으로 응원해주는 소울메이트, 친구들 고맙습니다. 늘 소통해주며 응원해주는 블로그 이웃님들과 저희 브랜드를 사랑해주시는 고객님들께 감사 인사를 드리고 싶습니다.

앞으로도 많은 이야깃거리를 만들며 좋은 이야기로 다가가는 라스 커플이 되도록 노력하겠습니다. 감사합니다.

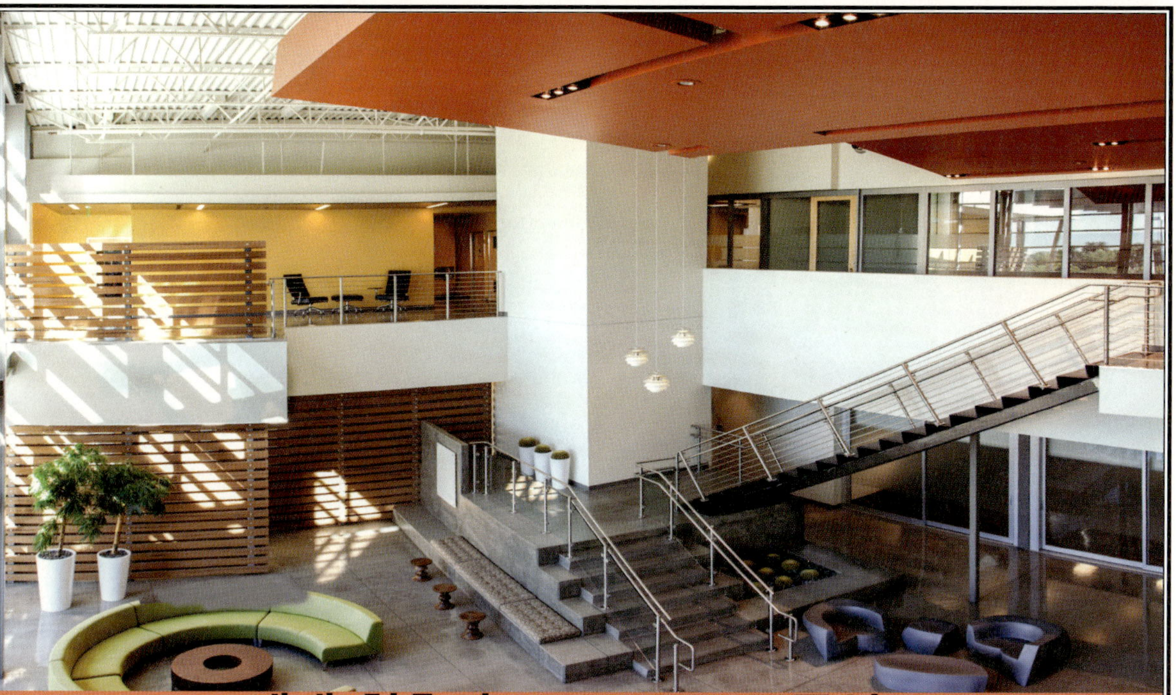

세계 최초의 EG-FREE 무독성

ZERO-VOC 던-에드워드 페인트

미국 캘리포니아 디자이너, 시공자들이 인정한 페인트!
던-에드워드 페인트는 이 세상 어느 페인트와 비교해 보셔도 좋습니다.

쿠폰 사용방법

나무와 사람들 전품목 쿠폰번호 : DUNN-DE7C-3A8C-4F3D

- 나무와 사람들 회원 가입 〉 상품 구매 〉 쿠폰 등록 〉 결제시 사용
- 한 아이디(ID)당 1회 사용
- 쿠폰 사용 금액 제한 : 10,000원 이상 구매시
- 쿠폰 사용 기간 : 2014년 6월 30일 ~ 2014년 12월 31일
- 이용 안내 : www.jeswood.com (전화 : 02-3679-0101)

나무와 사람들 전품목

20% DC

Dunn-Edwards PAINTS

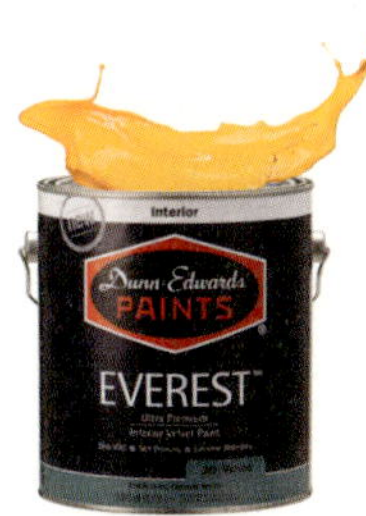

URBAN TREVE
HOME & DECOR

15% OFF
serial number_ 2IPCW56VHH

"2인 가구 인테리어" 독자분들께 15% 할인 쿠폰을 발급해 드립니다
홈페이지에서 20만원 이상 구매시 사용 가능하시며, 로그인〉마이샵〉쿠폰에서 시리얼넘버로 인증 받아주세요
쿠폰 사용 기간 : 2014년 12월 31일 까지 | www.urbantreve.com | 070.7579.530

이현주 / 272쪽 / 15,500원

만들기도 치우기도 쉬운 **2인 식탁**

요리 시간과 소금은 과감하게 줄이고 더 담백하고 더 건강해진 122가지 요리!

뉴요커들의 단골 브런치 메뉴, 에그 베네딕트부터 우리네 구수한 청국장까지! 더 쉽게 더 건강한 레시피 122가지를 우리 주방에 제안합니다. 1인, 2인, 3인 가족 식탁에 딱 맞고 누구나 손쉽게 만들어 건강하게 즐길 수 있는 개념 레시피가 바로 '2인 식탁' 입니다.

박인규 / 230쪽 / 13,000원

건강이 가득한 이탈리안 홈 카페 **가로수길 레시피**

이선균, 공효진이 반한 그 레시피!

가로수길 레시피는 건강한 먹을거리로 고민하는 이들을 위한 해결서입니다. 이탈리아 속담 중에 '음식은 단순한 먹을거리가 아니라 영혼을 살찌우는 음악과 같은 것이다' 라는 말이 있습니다. 슬로우 푸드의 출발지, 이탈리아의 맛을 알면 건강은 물론, 영혼까지 든든해지는 요리의 즐거움을 깨닫게 됩니다.

공간을 살리는 작은 집 테라피

2인 가구 인테리어

초판 1쇄 인쇄 2014년 7월 25일
초판 1쇄 발행 2014년 7월 30일

지은이 • 조윤정 • 김명원
펴낸이 • 안종남
펴낸곳 • 지식인하우스
출판등록 • 2011년 3월 31일 제 2011-000058호
주소 • 152-859 서울시 구로구 구로중앙로32가길 10-2 202호
전화 • 02)6082-1070   팩스 • 02)6082-1035
전자우편 • jsinbook@naver.com
블로그 • blog.naver.com/jsinbook

ISBN 978-89-968037-9-9 13590
값 11,800원
ⓒ 조윤정 • 김명원, 2014

사람과 지식을 연결하는 지식인하우스는
살맛 나는 사람들의 이야기를 맛깔스럽게 담아 나가겠습니다.
✱ 지식인하우스는 독자 여러분의 원고를 기다리고 있습니다.
  망설이지 마시고, 지식인하우스의 문을 두드려 주시기 바랍니다.